数字媒体实训项目案例集

(进阶篇)

张文忠 刘 成 主 编
杨 扬 朱 军 吴佳宁 副主编

上海大学出版社
·上海·

图书在版编目(CIP)数据

数字媒体实训项目案例集. 进阶篇 / 张文忠, 刘成主编. —上海: 上海大学出版社, 2023.2(2025.7 重印)
 ISBN 978-7-5671-4581-8

Ⅰ.①数… Ⅱ.①张… ②刘… Ⅲ.①数字技术-多媒体技术 Ⅳ.①TP37

中国国家版本馆 CIP 数据核字(2023)第 022210 号

责任编辑　厉　凡
封面设计　柯国富
技术编辑　金　鑫　钱宇坤

数字媒体实训项目案例集(进阶篇)

张文忠　刘　成　主编
上海大学出版社出版发行
(上海市上大路 99 号　邮政编码 200444)
(https://www.shupress.cn　发行热线 021-66135112)
出版人　余　洋

*

南京展望文化发展有限公司排版
江苏凤凰数码印务有限公司印刷　各地新华书店经销
开本 787mm×1092mm 1/16 印张 14.5 字数 308 千
2023 年 2 月第 1 版　2025 年 7 月第 3 次印刷
ISBN 978-7-5671-4581-8/TP·83　定价　78.00 元

版权所有　侵权必究
如发现本书有印装质量问题请与印刷厂质量科联系
联系电话: 025-57718474

数字媒体实训项目案例集（进阶篇）编委会名单

主　编　张文忠　刘　成

副主编　杨　扬　朱　军　吴佳宁

编　委　张锜伟　高　寒　孙晓翠　吴　婧
　　　　　李　彬　孙杨清　贾慧媛　吉亚云
　　　　　徐晓虹　景晓梅　黄慕媛　张　丹

前言 Foreword

数字媒体技术创新迭代迅速，数字出版产业发展突飞猛进。在产教融合背景下，专业教育资源与产业发展的紧密衔接，成为当下职业教育改革的必然要求。为提升学生的技术应用能力，实训教育资源的与时俱进显得尤为重要。当前市场上虽然数字媒体实训教材品类繁多，但大多数教材出版时间相对较久，收录的项目普遍存在风格、技术和形态过时的问题。基于时下数字媒体业态发展现状，为了进一步丰富和充实实训教学，上海出版印刷高等专科学校（以下简称"上海版专"）与行业知名企业睿泰集团深度合作，共同出版了本套全新的数字媒体实训教材。

本套教材精选了28个睿泰集团近年来具有代表性的真实数字媒体项目案例，分为视频、动画、互动媒体和虚拟现实四大类型，涉及企业宣传、数字出版、数字教育三大行业领域，每个项目案例由项目介绍、项目实训两个部分组成，旨在训练学生在清楚了解项目真实背景和客户需求的基础上，遵照制作要求和技术规范来完成对应的项目作品，并通过自评和总结的方式检验实训学习成果。

本套教材的每个案例均来自企业真实的业务项目，实训要求也均为客户真实的技术需求。为了便于学生实训时对照学习，我们对每个项目的实操过程均进行了详细描述，哪怕是零基础的学生也能对照实操步骤完成实训任务。此外，本套教材为每个案例项目都储备了配套的脚本、素材和成品等数字资源，学生可在老师的引导下前往指定平台进行阅读、下载或观赏。

为了满足实训教学的不同层次要求，本套教材分为基础篇、进阶篇两册出版，每册均包含14个项目，进阶篇在技术难度和实训周期上相较基础篇高出一个档次。与此同时，为了保证实训项目的与时俱进，本教材未来将根据行业发展情况和专业教学需要，定期新增、删减和修订书中项目。

由于作者水平有限以及编写时间仓促，书中难免存在差错与不足之处，希望使用本套教材的老师和学生不吝指正，以便我们在下次出版时予以修正。

上海出版印刷高等专科学校出版与传播系数字出版专业教研室
2022年6月8日

目录 | Contents

案例 1　中华传统节日文化视频特效制作项目 ·················· 1

案例 2　中药科普漫画书情景动画项目 ························ 9

案例 3　企业人才培养计划宣传手绘动画项目 ·················· 25

案例 4　企业人才培训方案宣传 MG 动画项目 ·················· 37

案例 5　少儿数独课程动画项目 ······························ 49

案例 6　卫健知识科普 MG 动画项目 ·························· 61

案例 7　太空知识科普电子书项目 ···························· 73

案例 8　儿童诗画绘本电子书项目 ···························· 93

案例 9　企业绩效改革宣传 HTML5 项目 ······················ 107

案例 10　水利书籍数字化 HTML5 课件项目 ··················· 123

案例 11　幼儿绘本 AR 立体书项目 ··························· 135

案例 12　VR 垃圾分类游戏项目 ······························ 157

案例 13　AR 塔防射击游戏项目 ······························ 167

案例 14　数字出版物制作发布虚拟仿真实验平台项目 ············ 201

案例 1

中华传统节日文化视频特效制作项目

一、项目介绍

（一）项目描述

某大学针对的"中华传统文化课程"项目，为诠释中华传统文化的内涵与价值，希望对文化课程的相关内容进行有针对性的视频讲解制作。本项目是 AE 动画的制作部分。

（二）基本要求

AE 动画制作过程应满足课程中视频的基本要求：

（1）动画视频流畅，动画效果明显，能让观看者有较好的观感。在制作过程中，不需要对每个部分进行动画制作，只需对部分冗杂内容或关键内容进行动画制作，通过动画提炼、归纳其要点。

（2）动画内容应突出，动画节奏偏慢，主要是将冗杂的文字内容用动画的形式直观地演示出来即可。

（3）搭配要和谐。AE 动画的制作过程中，样式和色彩要和谐，符合中华文化传统课程的主基调——中国风，在形式上可以更多地选取水墨这一元素来进行制作。

（三）作品形式

根据客户项目需求，产品大体形式如下：基于 AE 生成的 MP4 视频。

二、项目实训

基于上述客户真实的视频项目需求，归纳实施过程中的标准规范，挑选其中典型的课程设计对应的 AE 动画视频。

（一）实训要求

1. 制作要求

（1）总体要求

本项目属于数字教育行业，在项目实施过程中需注重教育行业特色，保证动画的导向性及内容的适宜性。

因为本项目成果面向的是中华传统文化课程，课程的最终呈现方式是基于视频的，而 AE 部分的动画则是作为视频内容的补充部分，所以在动态呈现上，需注意动态的程度，不要喧宾夺主。

动画的整体风格需要参照PPT内容进行设计，在风格上需要贴近中华传统文化课程的主题，可以采用水墨风动画进行呈现。

(2) 动画设计要求

该项目的动画部分并不是主题，所以在呈现时，我们要先对脚本进行筛选，挑选其中冗杂或枯燥的文字内容进行呈现，利用动画的动态效果，使该部分内容变得生动形象。

整体项目对动画效果的要求不高，不要求学生利用AE进行完整的制作，而是要求学生根据提供的模板进行一定程度的套用或加工，从而完成动画的制作，注意在选用模板时，要选择动态效果展现出较好的内容，注重观看者的观感。

(3) 其他要求

通过网络进行模板搜集，尽量选择免费版权的，如使用素材包中提供的模板，则仅可在内部进行交流学习使用。

实训过程中，若有需要各位同学互相配合完成的任务，同学们可自行结成任务小组并推出组长，各同学通力合作共同完成实训任务。需要各位同学独立完成的任务，则要严格要求自行独立完成，不可进行抄袭、借用等行为。

各位学生需在规定课堂时间内完成实训任务，规定时间内完不成的则自行在课外完成，并最终在规定时间内提交实训作品。

2. 技术规范

(1) 源文件规范

AE工程尺寸：HDTV 1080 25预设（实际大小可根据模板进行调整）

分辨率大小：1 920×1 080，方形像素

持续时间：一般30 s左右

渲染格式：MP4或H.264编码

(2) 动画制作规范

该项目所提供的素材为AE动画制作的模板，学生在制作AE动画时，需要在模板的基础上进行修改或创新，项目中涉及的图片内容可自行在模板中进行替换，但要保证图片符合制作的要求，比如不能在讲踢球的故事时，出现其他运动的场景。文字方面，字体主要使用微软雅黑细体/粗体、华文行楷；字号为：课程标题66，一级标题44，二级标题28，内容24，文字多的时候内容部分字号可以降低到20；行距统一为1.5倍，一些涉及历史常识的内容要以当时的情况为根据进行调整，比如在展示古籍时，阅读顺序是从上至下，从右往左的。

素材中包含粒子特效插件，该特效插件主要是通过制作项目的主题文字来表现，在制作前，要先进行插件的安装，至于主题文字则可使用提供的AE工程模板。字体、字号可根据文字多少适当调整，只要保证整个节日一致就行。

在使用AE模板时，可能会遇到素材丢失的情况，因此要对丢失的素材进行查找，在相应素材包内进行匹配。

（二）实训案例

1. 案例脚本

1. 隋唐到两宋时期

隋唐时期是中国历史上最强盛繁荣的时期，这一时期整体上开放进取、物阜民丰，为节日文化走向繁荣奠定了扎实的社会经济基础。这一时期节日数量众多，活动丰富，气氛热烈，从而将社会生活装点得绚丽多姿，令人神往。

首先，唐代新创了中和节和千秋节，清明节、中秋节也在此时形成，一些道教和佛教节日也进入民俗生活。至此，我国社会重要的节日几乎全部出现。

其次，隋唐时期继承了魏晋以来节俗活动的娱乐化倾向，并将其推向更高的程度。元宵节成为"充街塞陌，聚戏朋游。鸣鼓聒天，燎炬照地"的狂欢节。寒食、清明节里，人们走马踏青、蹴鞠拔河、放风筝、斗鸡蛋、荡秋千，充满了欢声笑语。

另外，唐代在重要节日普遍放假，有时节假长达50余天，堪称我国休假制度中的创举。节假日的安排，使人们有更多的时间和空闲，享受节俗活动带来的无穷乐趣。

到宋代，人们仍然十分重视过节，不仅新增了天贶节等节日，而且节假日长达76天，在娱乐程度上比唐代有过之而无不及。与宋同时的西夏、辽、金也深受宋的影响，在节日习俗上保持了很大的一致性。

2. 元明清时期

元明清时期，节日发展相对稳定，但是一些传承久远的节日或节日的若干习俗也开始逐渐被淘汰，比如唐宋以前十分兴盛的社日在很多地方失去了往日的风采。但娱乐性的节日风俗仍在发展，尤其各地的庙会在这一时期繁荣起来。庙会往往集中在特定的时间进行，人们在庙会上进行贸易、娱乐和社会交往，从而成为另一类型的节日。由于寺庙本是宗教信仰的场所，庙会就天然地带有浓厚的民间信仰色彩。我们可以从明清时期各地盛行的城隍庙会上看到这种贸易、娱乐和信仰并行的情形："士女答赛拈香，或奠献花果，或恭悬匾额，或割股披红，或枷锁伏罪，并有卖买赶趣香茶细果、酒中所需。凡儿童玩物，例如彩妆傀儡、莲船战马、饧笙鼗【táo】鼓、枪刀剑戟、零碎戏具，在在成市。至一切耕具农器，尤属色色俱备。"

3. 辛亥革命以后至20世纪末

辛亥革命以后，我国的节日体系发生了较大变革。一方面，政府通过重新命名、调整节日时间等方式对传统节日加以整饬；另一方面，出于新的理念和需求，政府又设置了诸多新的节日或纪念日，从而使我国的节日体系和性质发生了较大变化。这一时期出现的新兴节日达几十个之多，如元旦、戏剧节、中国童子军节、国际妇女节、植树节、国际劳动节等。

中华人民共和国建立后，又确定了一些新的节日及纪念日，根据1949年12月政务院发布的《全国年节及纪念日放假办法》，国家认定的新节日（纪念日）包括新年、劳动节、妇女节、青年节、儿童节、护士节、教师节、记者节、国庆纪念日、人民解放军建军纪念日、二七纪念日、五卅纪念日、七七抗战纪念日、八一五抗战胜利纪念日、九一八纪念日等。

2. 实施步骤

序号	关键步骤	实施要点及步骤
1	文字稿及PPT研读	**1. 了解基本制作信息** 仔细阅读素材清单中的文字稿及制作完毕的PPT成品，根据二者的内容确定AE动画制作内容。 **2. 梳理所需制作内容** 通过阅读二者，我们发现PPT和文字稿主要介绍了唐、宋、清、近代各阶段

续表

序号	关键步骤	实施要点及步骤
1	文字稿及PPT研读	的节日发展状况,对于近代的节日发展状况我们从历史书上已经了解到较多,而对于唐宋的节日发展状况我们的了解则比较有限,所以对这方面进行动态展现的话,对于观者而言是较为合适的。 3. 确定制作内容 通过阅读,我们发现以下文字稿适合制作成动画呈现:"首先,唐代新创了中和节和千秋节,清明节、中秋节也在此时形成,一些道教和佛教节日也进入民间生活。至此,我国传统社会重要的节日几乎全部出现。 其次,隋唐时期继承了魏晋以来民俗活动的娱乐化倾向,并将其推向更高的程度。元宵节成为"充街塞陌,聚戏朋游。鸣鼓聒天,燎炬照地"的狂欢节。寒食、清明节里,人们走马踏青、蹴鞠拔河、放风筝、斗鸡蛋、荡秋千,充满了欢声笑语。 4. 梳理所需制作的模板 根据《我国节日体系的起源与流变(下)》的文字稿及PPT,初步梳理动画制作的内容,然后根据内容去查找模板或使用素材库中的模板。 "唐代新创了中和节、千秋节……"该部分内容,我们如果使用单一的图文呈现,动感较弱,所以这里需要使用AE制作图文动画。 "充街塞陌,聚戏朋游。鸣鼓聒天,燎炬照地"该部分内容是引用古籍中的话,所以我们可以制作一本古籍的动画书,来展现该部分内容。 "人们走马踏青、蹴鞠拔河、放风筝、斗鸡蛋、荡秋千……"这是比较重复的内容,如果用PPT制作,则节奏过快,所以采用动画进行展现,可以通过水墨风的形式将内容展现出来。
2	模板获取	根据研读环节的结果,结合我们实际的水平,需要寻找上文所说的三个模板。我们可以通过网络进行搜集,也可以使用我们提供的模板。 常用模板素材搜集网站:千库网、包图网、千图网、昵图网、我图网、模板天空、新cg儿等。
3	动画制作	1. "充街塞陌,聚戏朋游……"动画 我们首先依次打开"素材包→任务01:我国节日体系的起源与流变(下)→03.模板→书本展示特效"这个模板文件。(注:可能存在素材丢失的情况,可以查找工程内的素材,进行匹配。) 在"最终输出"这个合成下,切换英文输入法,按空格键,对模板进行简单预览。通过预览可发现该模板是书籍打开的方式来,展现书中的内容,可以对其中一些部分进行标红,符合我们动画的制作要求,模板具体参考下图:

续 表

序号	关键步骤	实 施 要 点 及 步 骤
3	动画制作	进行模板的修改,完成我们所需动画的制作。首先在合成栏选择"内页右侧",双击选择该合成下的第四个文字轨道,并在操作区将原模板的内容替换成我们所需要的内容,即"或见近代以来,都邑百姓每至正月十五日,作角抵之戏,递相夸竞,至于糜费财力,上奏请禁绝之,……窃见京邑,爰及外州,每以正月望夜,充街塞陌,聚戏朋游。鸣鼓聒天,燎炬照地,人戴兽面,男为女服,倡优杂技,诡状异形。……高棚跨路,广幕陵云,袨服靓妆,车马填噎。肴醑肆陈,丝竹繁会,竭赀破产,竟此一时。尽室并孥,无问贵贱,男女混杂,缁素不分。……诏可其奏。"(内容可以自行删减) 其次,我们需要对"充街塞陌,聚戏朋游。鸣鼓聒天,燎炬照地"这句话进行强调,这里我们采用红底色进行动态标红处理,通过双击我们发现,前三条轨道都是形状轨道,其中第一、二条是标红的操作,因为这里我们只需要一条,所以我们将第二条轨道删除或者隐藏。 接着,我们对标红的地方进行处理,选中第一条形状轨道,将其展开,发现标红的操作实质是一个红色图形的大小变换,通过关键帧进行调节。 需注意的是因为这是一个关键帧的动画,所以我们调整的位置是动画的开始和结束,选择这两个位置的关键帧进行调整。 进行成品渲染导出,在合成栏,选择"最终输出"这个合成按钮,发现该合成是整个工程的呈现,但我们并不要输出这么多内容,所以调整时间轴上面的工作区,选择我们制作的部分。 接着,在菜单栏中选择"合成→添加到渲染队列",也可以使用 Ctrl+M 快捷键,进行渲染输出。最后,对渲染设置进行调整,选择 MP4 格式渲染输出及合适的保存位置,点击渲染按钮完成成品渲染(注:在渲染过程中,会占用大量的计算机资源,所以可以打开键盘大写按键,这样可以不实时展现渲染过程,减少卡顿)。 **2."人们走马踏青、蹴鞠拔河……"动画** 我们首先打开"素材包→任务 01:我国节日体系的起源与流变(下)→03.模板→水墨风图文展示特效 1→水墨立体"这个模板文件。 进行与上个教程一样的操作,找到对应的合成文件进行内容修改,不同的是该动画需要对图片进行替换,这里讲述一个简单的方法,我们可以在左侧项目的位置,双击我们需要替换的内容跳转至对应工程文件。将我们所需要的图片或文字在时间轴上进行输入,并通过鼠标进行拖动或缩放,这样可以较为简单地对模板进行修改。 进行成品渲染导出,在合成栏选择"最终输出合成"这个合成选项,可发现

续表

序号	关键步骤	实 施 要 点 及 步 骤
3	动画制作	该合成是整个工程的呈现,但我们并不要这么多,所以我们调整时间轴上面的工作区,选择我们制作的部分,接着在菜单栏中选择"合成→添加到渲染队列",也可以使用 Ctrl+M 快捷键,进行渲染输出,最后对渲染设置进行调整,选择 MP4 格式渲染输出及合适的保存位置,点击渲染按钮完成成品渲染。 **3."唐代新创了中和节、千秋节……"动画** 我们首先打开"素材包→任务 01:我国节日体系的起源与流变(下)→03.模板→水墨风图文展示特效 2"这个模板文件。在打开的时候可能会提示插件缺失,这时需要从素材包中选择相应的插件,进行安装。 进行与上个教程一样的操作,找到对应的合成文件进行内容的修改。 进行成品渲染导出,选择对应的工程和时间段进行渲染输出。 **4. 标题动画** 在素材包中还提供了标题动画的制作,这里不做要求,可以作为兴趣进行了解,标题的动效都是做好的,只需进行文字的修改即可渲染输出。
4	审核修订	AE 动画制作完成后,对照 AE 模板进行审核,看渲染是否出现差错,比如说缺帧、漏帧的情况。经修改确定无误后,进行交付。

(三) 实训任务

严格按照实训要求中的标准和规范,并参照实训案例中的操作步骤,完成下面的实训任务。

1. 任务内容

参照《我国节日体系的起源和流变(下)》的文字稿和 PPT,使用对应的模板,制作 AE 动画。

2. 素材清单

在开始实训任务前,由任课教师提供相应素材。

素 材 类 型	包 含 内 容
素材包	《我国节日体系的起源和流变(下)》脚本和 PPT 成品、粒子特效插件、特效模板

3. 成品欣赏

完成实训任务后可向任课教师索要成品视频,欣赏此任务对应的项目成品效果。

(四) 实训评价

根据下方评价标准,给自己的实训成果进行打分,每项 20 分,总分 100 分。

序号	评价内容	评 价 标 准	分数
1	动画设计	模板的使用是否符合文字稿要求	
2		模板的内容是否有修改、替换	
3		制作的动画是否存在缺帧、漏帧的情况	
4		制作的动画是否与PPT风格匹配	
5		制作时是否有创新内容的体现	
总体评价			

（五）实训总结

遇到的问题 列举在实训任务中所遇到的问题，最多不超过3个
解决的办法 实训过程中针对上述问题，所采取的解决办法
个人心得 项目实训过程中所获得的知识、技能或经验

案例 2

中药科普漫画书情景动画项目

一、项目介绍

(一) 项目描述

该项目以中药科普漫画书为参考,绘制相关人物设计、场景,旨在通过将漫画内容改编成动画形式来对中药材的方剂、中成药、功效、主治等进行了一一介绍。

(二) 基本要求

动画中内容要准确呈现漫画内容,既要保证内容的完整性,同时要考虑呈现阶段的可行性、趣味性。其画面风格要贴近幼儿审美需求,符合幼儿认知目标,动画节奏不宜过快,动画时长一般在1~2分钟以内,动画输出尺寸为1 920×1 080像素。

(三) 作品形式

根据客户项目需求,产品大体形式如下:采用情景动画的形式,以《水浒传》中人物为主线,通过人物来展示特定药材的方方面面(如下图所示)。

二、项目实训

基于上述出版社真实的动画项目需求,归纳实施过程中的标准规范,挑选其中典型的课程设计对应的实训活动。

(一) 实训要求

1. 制作要求

(1) 总体要求

本项目属于数字教育行业,在项目实施中需注重教育行业特色,同时考虑到项目成果面向对象为幼儿及低年龄段孩童,因此在平面设计、动画制作的过程中,呈现效果需要通俗易懂,符合幼儿科普的基本特点,同时动画节奏不宜过快。

能够精准表达出脚本意图,借水浒人物关胜将药材丹参的功效、主治、方剂、中成药等内容,做到准确、明晰的呈现;动画的设计要做到活泼、生动、富有一定的趣味性。

(2) 平面设计要求

漫画仅供学生从整体了解制作题材的内容,在实际制作过程中需按脚本制作,而不能直接照搬漫画。

人物设计为 Q 版漫画风格,需有线条的呈现。

场景设计要符合脚本制作需求,进行无线条设计,要呈现扁平的漫画风格。

(3) 动画设计要求

内容讲解部分,要将《水浒传》中人物的动作、表情,准确地与脚本中的药材讲解进行结合,同时发挥个人创意,使动画流畅细腻。

人物口型需与配音同步,需有眨眼动作;人物手臂动作自然,不能出现手臂忽长忽短的问题。

图文动画部分,要流畅、节奏适中,风格轻快。

转场动画要流畅自然、节奏合理。

(4) 其他要求

通过网络搜集各平面、音效、动画等素材时,应尽量选择免费版权的,如遇版权不明的,需及时记录下来。

实训过程中,需要各位同学互相配合完成的,同学们可自行结成任务小组并推出组长,各同学通力合作共同完成实训任务。需要各位同学独立完成的,则要严格要求自行独立完成,不可进行抄袭、借用等行为。

各位学生需在规定的课堂时间内完成实训任务,课堂时间完不成的则自行在课外完成,并最终在规定时间内提交实训作品。

2. 技术规范

(1) 源文件规范

动画尺寸(制作):1 920×1 080 像素。

帧频:25 fps。

动画时长:一般 130 秒左右。

声音设置:MP3 格式、比特率为 128 kbps、最佳品质。

成品设置:转为 MP4 格式,并且采用移送设备可以支持的 H.246 编码。

(2) 平面制作规范

1) 场景设计规范

动画部分的场景设计,以脚本中所述为基础,要符合真实情景,各建筑之间的比例保持均衡,可稍显夸张,但要保证构图的美观。

2) 人物设计

人物设计以脚本中提及的人物进行设计,形象要符合其历史形象,具体风格为 Q 版漫画风格,人物设计包括人物手中的兵器,需要有线条进行衬托,参考下图。

3) 素材设计规范

图文动画部分的背景、元素、图文内容,要严格按照下述内容设定进行,同时要注意保持风格统一。

① 画面左上角角标:方正粗圆简体(42 磅),色号:纯黑色。

② 姓名牌:华康海报体 W12(100 磅),色号:深红色,与底框颜色协调。

③ 树桩元素中的文字:汉仪中圆简(45 磅),色号:与底框协调。

④ 中成药名称:华康海报体 W12(65 磅),色号:纯白。

⑤ 中成药名称(药盒上的):汉仪中圆简(36 磅),色号:与底框协调。

⑥ 功效类文字(单独):方正卡通简体(80 磅),色号:纯黑色。

⑦ 功效类文字(多个):华康海报体 W12(65 磅),色号:纯白。

⑧ 功效类文字(汇总):汉仪中圆简(10 磅),色号:棕红色,与底框协调。

⑨ 物品标注类文字:华康海报体 W12(100 磅),色号:与物品颜色协调。

⑩ 配合解说词的其他文字:华康海报体 W12,配色、大小需与画面整体协调。

(3) 动画制作规范

1) 片头制作

片头采用统一的样式(见素材包),但需注意替换动画名称、角标内容,如下图所示。

2) 字幕制作

字号 52.5 加粗黑体字,全黑色,有白色半透明底框,如下图所示。

除""、《 》的其他标点符号都去掉,以一个全角空格替代,部分非一定连接在一起的语句,可以分屏显示,如下图所示。

3) 背景音乐制作

选择合适的背景音乐和音效,其音量要低于配音音量。

4) 转场动画制作

根据脚本内容,在不同场景中加入转场动画。

过渡自然,切勿生硬。避免出现穿帮、跳帧等问题。

5) 人物动画制作

人物动作需规范、自然,避免出现滑步、跳帧等问题。

人物口型需与配音同步,需有眨眼动作;人物手臂动作自然,不能出现手臂忽长忽短的问题。

人物表情需严格按照脚本设计,表情要准确到位。

6) 人物动画制作

镜头需要运用推拉摇移手法,但需酌情设计,一般按照脚本要求对应添加。

镜头移动时,人物、道具、场景要过渡自然,符合逻辑,避免出现移动错位。

7) 片尾制作

片尾采用统一的样式(见素材包),但需注意替换角标文字,并放入对应中药的图片、文字。

(二) 实训案例

1. 案例脚本

人 物 设 定				
角色编号	人物形象参考	人物描述	作 用	出现位置
1	丹参	中药丹参拟人化,正直霸气,手中兵器多变	主讲人物:在课程中起到导学的作用,以自我介绍为主线,介绍中药丹参的相关知识	

续表

		人 物 设 定		
角色编号	人物形象参考	人物描述	作用	出现位置
2	关胜	小说名著《水浒传》中的人物,精通武艺,时常手握青龙偃月刀	辅助人物:课程剧情发展需要	
		场 景 设 定		
场景编号	场景名称	场景描述	场景用图	出现位置
1	古代城镇	古代城镇,可参考绘本背景绘制		
2	练功场	野外空旷处,山清水秀,练功木桩		
3	城郊	城郊处		
4	室内	古代室内		

续 表

		场 景 设 定		
场景编号	场景名称	场景描述	场景用图	出现位置
5	伙房	伙房背景		

		脚 本 设 定		
编号	界面呈现	媒体效果	配音	设计意图
1			"大刀"关胜——丹参	标题
2	戏台	动画与配音同步 场景：**古代城镇**，城镇中有一戏台（戏台参考左图绘制） 【1】人物出场，配合京剧人物出场的音效。人物在画面中站定，念白 【2】人物剪影效果 【3】捋胡须 【4】亮出青龙偃月刀 【5】舞台变亮，人物正式亮相	丹参（京剧念白）： 【1】哇呀呀呀！ 【2】我本圣贤宗脉传。 【3】面如赤枣长须髯。 【4】青龙偃月电光闪，蒲东解梁第一关。 丹参：【5】嗯哼，我就是红脸长须——丹参关胜啊！	教学设计：全篇使用拟人化的方式，借助幽默诙谐化的语言，依次介绍中药丹参的功效、主治病症、炮制方法及作用、性状鉴别等内容
3	古代城镇 练功场	动画与配音同步 场景：**古代城镇**（参考左图绘制） 【1】面部特写镜头，赤面、长须 【2】表现精通十八般武艺 场景：**练功场**（参考左图绘制） 【3】化身神箭手，手持弓箭，四个木桩排成一排，分别写有文字：**活血祛瘀**、**通经止痛**、**清心除烦**、**凉血消痈** 动画：箭无虚发，根据配音射箭，一箭命中对应的文字木桩	丹参：【1】赤面长须奋忠义。 【2】精通兵法现技艺。 【3】看我给大家露一手，活血祛瘀、通经止痛、清心除烦，凉血消痈。	

续表

脚本设定				
编号	界面呈现	媒体效果	配音	设计意图
4	练功场	动画与配音同步 场景：**练功场**（参考左图绘制） 【1】周围四个木桩，木桩上分别写有文字：**月经不调，胸痹心痛，内热心烦，疮痈肿痛**，丹参亮出大刀并挥舞，砍掉写有"月经不调"和"胸痹心痛"的两个木桩 【2】特写镜头：大刀劈向写有"内热心烦"的木桩 【3】上一刀劈完，抡刀劈向写有"疮痈肿痛"的木桩 【4】丹参挥舞大刀，作收刀的动作，捋下胡子	丹参：【1】青龙偃月刀挥挥，各路病痛心灰灰。 【2】热病高热内心热，大刀长挥谁敢惹。 【3】腹痛心痛疮肿痛，大刀劈下痛全消。 【4】高调！高调！就是这么霸气。	
5	城郊处	动画与配音同步 场景：**城郊**（参考左图绘制） 【1】丹参悠闲地在散步，前方冒出藜芦，丹参看到藜芦，眼睛变红，特别生气，提剑就追，藜芦在前面跑得大汗淋漓 【2】藜芦跑没影了，丹参恢复悠闲的状态在城中散步，旁边慢悠悠走过一孕妇，特写丹参脸涨得更红了，心脏怦怦直跳 【3】丹参举出一个写有"慎"字的牌子，孕妇看到后，加快脚步离去	丹参：【1】老夫为人友善，唯独见他会红眼！藜芦，哪里逃！ 【2】老夫从不近女色，脸红心跳难自控。 【3】活血通经作用旺，看你有孕在身，快快离去。	
6	画面需要根据内容设计，无配图	动画与配音同步 场景：**室内**，参考左图绘制 【1】丹参站如松，显示出为人正直 【2】旁边飞出文字"**夸大其词**"粉碎消失	丹参：【1】老夫为人正直。 【2】从不夸大其词。	

案例2　中药科普漫画书情景动画项目

续表

		脚 本 设 定			
编号	界面呈现	媒体效果	配音	设计意图	
6		【3】三七走到丹参旁站立好 【4】室内出现练丹炉，丹参和三七联手练丹。练丹炉冒出白烟，练丹成功 【5】丹参将练出的丹药放在手中，丹药闪闪发光 【6】丹参和三七脑袋上写有"**复方**"二字，丹参与三七并排站立，丹参左手与三七右手对掌，丹参右手与三七左手手掌相对，中间也有文字"**活血化瘀**" 【7】镜头特写丹参，根据配音旁边飞出文字，**理气止痛**，**瘀血闭阻**，**胸痹心痛**，文字"**理气止痛**""**瘀血闭阻**""**胸痹心痛**"开裂粉碎 【8】丹参与三七同端一个盘，盘中有两个药盒，分别写有"**丹参片**""**丹七片**"，如图左1所示。镜头慢慢推近，特写盘中的两个药盒	【3】兄弟三七见证，绝对公开公正。 【4】我们兄弟二人合造出灵丹药。 【5】疗效那是相当给力的。 【6】复方丹参与丹七，活血化瘀方可见。 【7】丹参主治理气通，瘀血痹阻胸痹痛。 【8】两者相同又相异，造药用药需谨记。		
7		场景：**伙房**(可参见左图) 【1】丹参微醉状 【2】向锅内倒入黄酒，翻炒烹制 【3】丹参挥刀，四周出现文字"**活血祛瘀**""**通经止痛**""**清心除烦**""**凉血消痈**"	丹参：（快板） 【1】一人我泡酒醉，醉把那活血祛瘀对。 【2】黄酒独相随，只求功效能双倍。 （正常语调）【3】老夫这手活血祛瘀，通经止痛，清心除烦，凉血消痈的绝活可称你心意？		
8		最后统一黑幕镜头，显示"完"字		结尾	

2. 实施步骤

序号	关键步骤	实 施 要 点	注意事项
1	脚本研读	**1. 了解基本制作信息** 　　动画主题、呈现风格、动画时长等信息。根据《"大刀"关胜——丹参》脚本，可以发现动画主题是围绕"丹参"的，通过水浒中的相对应的人物，借助幽默诙谐化的语言，介绍中药丹参的功效、主治病症、炮制方法及作用、性状鉴别等内容；对于介绍类内容的情景动画，画面内容尽量符合脚本要求，可在脚本的基础上，增加诙谐幽默的元素，进而提高动画的吸引力。根据脚本字数，判断动画时长为2分钟左右。 **2. 梳理所需素材** 　　根据《"大刀"关胜——丹参》脚本内容，初步梳理制作动画所需要的素材： 　　情景动画中的人物：关胜、药材、孕妇、三七的象征人物； 　　情景动画中的场景：古代城镇、练功场、城郊、室内、伙房； 　　情景动画中的其他素材：树桩、弓箭、灯笼、炼丹炉等； 　　背景音乐素材：需1个适合动画内容的背景音乐； 　　音效：碰撞音、射箭声、挥刀声等。	
2	素材获取	根据脚本研读的结果，结合实际情况，分析哪些素材可以从以往项目中调用修改，哪些元素可以通过相关网络进行搜集，哪些素材需要完全自行绘制。 　　比如，情景动画部分的其他素材，可以从以往项目中选取合适的，进行调用修改，如灯笼、树桩等，如若搜集不到，可以从网站上进行下载。部分内容，如关胜等人物，需要自行绘制。 　　常用平面素材搜集网站：千库网、包图网、千图网、昵图网、我图网、摄图网、花瓣网等。 　　常用图标搜集网站：阿里巴巴矢量图标图。	
3	角色设计	**1. 确定人物角色设计** 　　本项目中，需要设计的角色包含主要人物关胜，其他人物有药材形象、孕妇、三七等人物，在进行角色设计时，可以参考素材包中的漫画形象进行绘制，保持人物设计比例基本不变，适当增加其姿势即可，在角色设计之初，可只将角色外形进行绘制，角色颜色可暂不做要求，完成分镜绘制后，再进行上色（如下图所示）。	1. 人物形象风格要统一。 2. 在特定情境中，人物有特殊动作要求时，需将特定动作画出，方便接下来的动画制作。如：关胜挥刀的动作。

续 表

序号	关键步骤	实 施 要 点	注意事项
3	角色设计	**2. 人物关节拆分** 在完成角色设计时,可以将人物分关节进行拆分绘制,这样既保证设计的便携性,也方便动画设计师设计相关的肢体动作。拆分关节如头部、颈部、身体、左右上臂、下臂、手、腿、脚等。拆分关节元件时若先将元件中心位置定好,再将可以活动的关节中心定位,则动画制作时会更加便捷。 **3. 其他人物形象设计** 以关胜的设计流程为标准,设计其他次要角色的形象,力求符合脚本及漫画要求,具体参考图如下:	
4	分镜绘制	分镜绘制是情景动画的重中之重,我们在实际设计过程中,需要对脚本内容进行细化,根据内容划分出动画大致涉及的几个场景,然后以此为依据,设计不同场景下的分镜内容。 绘制不同的分镜前,需要先明确画面视角及所呈现的内容。 (1) 片头 片头分镜较为简单,只需在画面中呈现主体内容及小标题即可,为保持项目文件的统一性,建议采取标题板的样式呈现内容,具体参考图如下: 该场景中需包含的元素有:标题板、小标题、树木、草地等。 (2) 出场分镜——古代城镇 正面效果,为关胜以剪影形式出现在画面中间,通过动作结合配音的方式,来展示介绍导学人物基本信息;值得注意的是,此分镜需包含镜头的运动效果,以便使画面内容呈现得更加丰满,分镜初始图参考如下:	1. 本动画场景以公路为主,场景设计要符合现实情境。 2. 各场景所需搭配的元素,可根据画面实际效果酌情增加。

续　表

序号	关键步骤	实　施　要　点	注意事项
4	分镜绘制	(3) 内容(药效)分镜——练功场 正面效果要结合部分特写内容,此分镜主要是体现丹参的药效,但是以关胜的主观形象为推荐线进行的。为了呈现画面的多样化,可以通过场景的微小变化展示相对应的疗效,具体参考图如下: 随后具体地对某种药效进行展开,此时分镜场景不需要改变,但镜头语言要多层次地展现,可以通过逻辑转场及特写的结合展现药效的内容,具体参考图如下: 该场景中需包含的元素有:树桩、草地、云朵、弓箭等,值得注意的是,场景中包含了几个特殊的背景元素,如:放射状光芒背景等。 (4) 内容(补充药效)分镜——城郊处 正面效果,这一分镜主要是对药效内容的补充说明,体现在禁忌等方面,通过藜芦、孕妇角色的对话,展现丹参药效的另一方面。这里在制作时,以脚本为主,参考练功场分镜制作即可。 (5) 内容(对比)分镜——室内 正面平视视角,通过丹参与三七人物形象的对话展现丹参的具体疗效。值得注意的是,这个分镜内包含炼丹炉的相对动画,所以我们在制作过程中,要进行镜头的移动,对炼丹炉炼制复方药的具体过程要进行描述,同时在最后镜头慢慢推近时,进行特写展示,参考图如下:	

案例 2　中药科普漫画书情景动画项目

续　表

序号	关键步骤	实 施 要 点	注意事项
4	分镜绘制	**(6) 结尾** 结尾分镜与片头分镜风格保持统一,只需将主标题内容改变为丹参具体形象即可,具体参考图如下:	
5	分镜上色	根据前文分镜的制作结果,结合具体制作情况,我们可知人物、部分场景的分镜制作是简易呈现,在这个步骤中我们要对其进行完善,完成颜色的上色操作,参考图如下:	
6	动画制作	**1. 片头动画制作** 本项目的片头统一采取分镜制作的形式,呈现时,可以将树木、草地、小标题、主题标题等进行拆分,并配合着配音通过简单弹跳动画进行依次呈现。文字可进行逐字呈现。 **2. 情景动画制作** 本项目情景动画制作部分,主要是通过场景变化、人物的表情、动作变化,来展现丹参的具体疗效。 　　在制作过程中,一般以分镜为参考,通过确定动画的初始状态和最终状态,将其制作为关键帧,最后把所有的关键帧率转为补间动画便可以得到动态的效果。	

续 表

序号	关键步骤	实施要点	注意事项
6	动画制作	由于此项目涉及较多的人物动作形象等内容，因此可以将人物的手部、脚部、嘴部等内容进行拆分，单独对其进行补间动画的制作，随后再与人物整体动画进行嵌套，完成内容制作，参考图如下： 最后，动画效果全部制作好后，可以加入配音和音效，与动画进行适配。 　　3. 转场动画制作 　　由于此项目涉及场景并不多，因此属于同一场景的画面可以通过镜头的放大移动进行转场；不属于同一场景的，可以根据故事的逻辑性进行连续转场，也可以使用硬切、白场过度等方式完成转场。 　　4. 字幕制作 　　需要先明确字幕制作的范围。本项目除片头外，其他配音内容均需制作字幕。 　　制作时，对于字幕的字体、字号、颜色等，均有明确的要求，可详见"技术规范"。	1. 依据脚本内容及平面内容，运用转场效果及镜头的切换，制作动画，要求人物动作流畅，没有穿帮、跳帧等问题。 2. 在人物说话时，要适当地增加人物肢体动作，丰富动画。
7	审核修订	动画完成后，还需进行仔细地审核。检查包括画面元素有无缺漏多余、动画有无跳帧及漏帧等问题。经修改确认无误后，才能交付。	

（三）实训任务

严格按照实训要求中的标准和规范，并参照实训案例中的操作步骤，完成下面的实训任务。

1. 任务内容

参照《"大刀"关胜——丹参》的脚本内容,使用对应的素材,制作图文动画(偏 MG 风格),最终输出对应的 MP4 格式课程。

2. 素材清单

在开始实训任务前,由任课教师提供相应素材。

素材类型	包含内容
脚本	"'大刀'关胜——丹参"脚本
素材包	音频等

3. 成品欣赏

完成实训任务后可向任课教师索要成品视频,欣赏此任务对应的项目成品效果。

(四) 实训评价

根据下方评价标准,给自己的实训成果进行打分,每项 10 分,总分 100 分。

序号	评价内容	评价标准	分数
1	平面设计	素材收集、元素设计是否符合漫画要求	
2	平面设计	背景设计是否美观合理	
3	平面设计	画面排版布局是否合理美观合理	
4	动画设计	整体动画是否符合讲解类的要求	
5	动画设计	各元素的呈现是否流畅自然,有无出现错位	
6	动画设计	转场是否符合基本逻辑	
7	动画设计	配音与画面是否同步	
8	字幕制作	字幕长度是否合适	
9	字幕制作	字幕是否有错误	
10	字幕制作	字幕与配音是否匹配	
	总体评价		

(五)实训总结

遇到的问题 列举在实训任务中所遇到的问题,最多不超过3个
解决的办法 实训过程中针对上述问题,所采取的解决办法
个人心得 项目实训过程中所获得的知识、技能或经验

案例 3

企业人才培养计划宣传手绘动画项目

一、项目介绍

(一) 项目描述

某金融科技企业人力资源部自 2018 年起启动的"马拉松人才培养计划",需要通过宣传片向全体部门人员传递该计划的理念,从而进一步强化队伍建设,为公司的持续高速发展提供人才保障。为了让宣传片起到更好的效果,给人耳目一新的感觉,最终宣传片的表现形式为手绘逐帧动画。

(二) 基本要求

本项目动画整体采用简笔画风格(如下图所示)。动画时长一般在 90~150 秒之内,最长不超过 180 秒。动画最终输出格式为 MP4 视频格式,输出尺寸为 1 280×720 像素,25 帧/秒。

(三) 作品形式

根据客户项目需求,产品大体形式如下:整体采用人物在跑道上奔跑的形式进行说明,以贴合"马拉松人才培养计划"的名称。培养计划中含四个子计划,分别用 4 个不同的分跑道表示。表现形式为不同类型的员工分别在不同的分跑道中奔跑,并在分跑道中介绍子计划的具体内容。

二、项目实训

基于上述真实的手绘动画项目需求,归纳实施过程中的标准规范,挑选与其中典型的课程设计对应的实训活动。

(一) 实训要求

1. 制作要求

(1) 总体要求

本项目属于金融行业的培训类宣传片,在项目实施过程中需要注意行业特色。

由于本项目成果面向的对象为企业内部员工,因此在平面设计和动画制作的过程中需要考虑职场人士的喜好和习惯。

根据已有的脚本和配音,完成手绘动画的制作。

(2) 平面设计要求

人物采用简笔画形式,要力求风格时尚、简练、有趣。

其他元素风格可具体根据脚本要求选择,但要搭配美观不突兀。

平面中需设置纸张质感背景层,以衬托前景上的人物和各元素。

(3) 动画设计要求

整体的动画设计风格要符合宣传片的要求,既生动、活泼,又富有创意和新鲜感。

动画节奏在配音的基础上可合理调整,以便观看者对内容的吸收。

动画需加上合适的音效与背景音乐,以增强感染力和趣味性。

(4) 其他要求

各平面、音频等元素片段如来自网络搜集,应尽量选择免费版权的,如遇版权不明的,则需及时记录下来。

实训过程中,需要各位同学互相配合完成的任务,同学们可自行结成任务小组并推出组长,各同学通力合作共同完成实训任务。需要各位同学独立完成的,则要严格要求自行独立完成,不可进行抄袭、借用等行为。

各位学生需在规定课堂时间内完成实训任务,课堂时间完不成的则自行在课外完成,并最终在规定时间内提交实训作品。

2. 技术规范

(1) 源文件规范

动画尺寸(制作):1 280×720 像素。

动画时长:一般在 90 秒至 150 秒以内,不超过 180 秒。

声音设置:MP3 格式、比特率为 128 kbps、最佳品质。

动画尺寸(导出):1 280×720 像素。

(2) 平面制作规范

1) 基本要求

本项目的人才培养计划包含四个子计划,画面左上角需显示对应子计划的小标题。

2) 人物设计制作

本项目中没有主角,所有人物仅作为演示。人物线条表达要简洁干练,形象突出,夸张且准确。线条属性如下(颜色:黑色;笔触:1.0;样式:直线)。

为体现手绘感,线条需保持局部断线,不需要像描边一样完全闭合。

对人物的头发、名牌等使用局部上色。色彩表现上可使用大色块、高纯度与高饱和度的颜色,以形成明快的视觉感受。

上色用色块化呈现,可以让颜色和线条重合且溢出。

3) 场景制作

整体场景需注意将繁杂的背景弱化和省略,用少而精的事物来表达环境。

背景层要突出纸张质感,例如使用羊皮纸或卡纸纹理。

场景内的元素线条尽可能简洁,造型以几何形状为主,略去对具体细节的刻画。

对于简笔画风格的关键元素,上色也可使用色块化呈现,让颜色和线条重合且溢出,与人物设计保持一致。

4) 文字样式

采用锐字工房光明大黑简或汉仪铸字木头人,字号40~70磅。

5) 文字底框制作

根据脚本要求,对于人才培养计划中具体实施的方案名称如"私董会"等,以跑道标识的形式出现。为与整体风格保持一致,可采用醒目的色块为文字加上底色。

对于具体实施方案的作用等关键字如"强关系圈",可采用气泡形式呈现,气泡颜色根据场景进行替换,但要保证和谐统一。

6) 排版布局制作

根据本项目简笔画风格的特点,在排版时可适度留白,以引发观看者的想象。

(3) 动画制作规范

1) 片头制作

片头根据脚本要求设计。字体:造字工房朗宋,字号:40~70磅。

2) 字幕制作

字幕文字统一设计,字体为微软雅黑,颜色为白色,有黑色轮廓描边,固定位置。

字幕按照脚本文字制作,若出现需断句的情况,要按语法断句。

3) 背景音乐制作

背景音乐和音效的音量要低于配音音量。

背景音乐风格的选取要贴切主题,音效的选取要符合脚本要求。

4）转场动画制作要求

转场过渡要自然，切勿生硬。避免出现穿帮、跳帧等问题。

5）人物动画制作

为使人物的动作更加连贯流畅，在动画制作时应采用逐帧绘制。

对人物的动作需要高度提炼和概括，既要有一定程度的夸张，又要有节奏感。细节则不需要详细具体地刻画。

6）镜头运动制作

使用多角度交替，如平视、侧视等相互交替，避免一直使用同一角度。

（二）实训案例

1. 案例脚本

分 镜 效 果	解 说 词
【1】一支铅笔在纸上画出一条伸向远方的线，一个个脚印沿着线出现。 【2】镜头跟随线往前，线成为了地平线，远方太阳升起，出现关键字： 我们的马拉松 金融壹账通马拉松人才培养计划	【1】这是为金融壹账通人度身定制的跑道，每一位小伙伴满怀梦想，踏上这条跑道，开启属于自己的"马拉松之旅"。
【1】太阳消失， 地平线转变方向，变成一条向前延伸的线。线一分为二，组成一条跑道，跑道上出现一个能量棒印记。 接着像翻日历一样依次切换成卡路里、氨基酸、e代壹路跑道（每个跑道有自己的印记）。 【2】一只写着金融壹账通的手，拿一个小人放在跑道上，小人开始奔跑。 【3】一个无人机从小人身边略过，关键字：平安大学。 跑两步有人送来一瓶水，关键字：商学院。 再跑两步有人送来香蕉（或其他能量补给物），关键字咨询机构。一直跑向远方	【1】"能量棒""卡路里""氨基酸""e代壹路"；【2】针对金融壹账通各级人才定制的培养子计划；【3】在平安大学以及各知名商学院、咨询机构、内部大牛的资源协助下；【4】延伸出了各自的分跑道。
上方小标题：能量棒培养计划 【1】代表班子的简笔小人手拿接力棒，下蹲待命，特写他的背上号牌：班子 【2】小人抬头，看向远方，终点拱门（方形）处写着： 共情、共享、共创 小人起跑。 【3】视角切换为俯视，前方跑道两个增益格子私董会和裸心会闪烁， 小人前进到私董会格子，飘出文字：强关系圈 小人前进到裸心会格子，飘出文字：包容信任 小人获得 buff 的时候，身上会闪烁。	【1】能量棒培养计划为班子成员设计。【2】向着共情、共享、共创的 3G 目标奔跑。【3】运用私董会和裸心会的形式，建立了更实、更有效的强关系圈，对彼此更加包容与信任。

续 表

分 镜 效 果	解 说 词
上方小标题：卡路里培养计划 【1】班子小人把接力棒递给高级人才小人（背部号牌：高级人员），高级人员小人一边奔跑一边看向远方，终点拱门处写着： 创识、创谋、创议。 【2】视角切换为俯视，前方3个增益格子卡路里补给营、卡路里燃烧营、卡路里共创营闪烁， 小人前进，分别在3个格子，获得buff： 夯实基础、谋略实操、共享共创 小人获得buff的时候，身上会闪烁。	【1】卡路里培养计划为高级人才设计，向着创识、创谋、创议的3c目标奔跑。 【2】通过"卡路里补给营""卡路里燃烧营"和"卡路里共创营"，帮助大家夯实基础、谋略实操、共享共创。
上方小标题：氨基酸培养计划 【1】高级人才小人把接力棒递给中级人才小人（背部号牌中级人员），中级小人一边奔跑一边看向远方，终点拱门（方形）处写着： 氨基酸培养计划 体悟、体知、体感 【2】视角切换为俯视，整个跑道变成了飞行棋盘，前方3个增益格子基酸储备营、氨基酸增肌营、氨基酸免疫营闪烁， 小人前进，分别在3个格子，获得buff： 提拔翘楚、提高能力、提升士气 小人获得buff的时候，身上会闪烁。	【1】氨基酸培养计划为中级人才设计，向着体悟、体知、体感的3T目标奔跑。 【2】成立氨基酸储备营、氨基酸增肌营、氨基酸免疫营，提拔翘楚、提高能力、提升士气。
上方小标题：e代壹路培养计划 【1】中级人才小人把接力棒递给全员小人（背部号牌壹账通人），全员小人呼朋唤友，4人跃跃欲试。 【2】视角切换为俯视，前方4个依次为，壹路打CALL、壹路打怪、壹路相伴、壹路关怀闪烁， 4个小人前进，通过4个格子， 最终跑到方形拱门，上写零门槛、全覆盖、多形式。	【1】e代壹路培养计划为全员设计。【2】壹路打CALL、壹路打怪、壹路相伴、壹路关怀，零门槛、全覆盖、多形式，多方位满足小伙伴们的个性化需求。
【1】班子站在起跑线，高级跑过来、中级跑过来、壹账通人好多人涌过来。大家把手搭在彼此的肩膀后，关键字：金融壹账通马拉松人才培养计划 然后一起看向远方，准备姿势，然后同时奔跑。	【1】未来的空白由你来填补，2018，金融壹账通马拉松人才培养计划为每一步成长喝彩！ 【2】为了明天更好的自己，向未来"壹"起跑！

2. 实施步骤

序号	关键步骤	实 施 要 点	注意事项
1	脚本研读	1. 浏览制作信息，明确制作要求 阅读脚本信息栏，注意项目背景、动画主题、动画风格、动画时长等信息。在《马拉松人才培养计划》脚本中，明确提出动画主	

案例3 企业人才培养计划宣传手绘动画项目

续表

序号	关键步骤	实 施 要 点	注意事项
1	脚本研读	题为"马拉松人才培养计划",背景为该计划的宣传片,整体为简笔画风格的手绘动画,时长约为2分半钟。 **2. 浏览画面说明,明确动画素材** 阅读脚本演示中的画面说明,分析需要绘制的平面素材。根据本项目的特殊性,为了使效果更逼真,除了片头中出现的握着笔的手可以使用现实风格的素材之外,其他所有素材都需要使用手绘素材,并基本需要自行绘制。	
2	角色设计	**1. 角色造型设计** 根据本项目中简笔画的风格要求,对于人物的角色造型需要在基本特质的基础上进行提炼,以点、线和几何图形等高度概括表现角色的形体与比例。同时,要将不必要的细节与结构精简与合并,以达到简约而夸张的效果。例如面部略去鼻子,身体部分略去手指等。下图人物形象仅供参考。 **2. 人物着色设计** 简笔画风格中,对于人物的着色并不适宜采用缤纷丰富的颜色,而应精炼地选择几种重点色来体现。在上色过程中,可以针对人物的关键部位,如头发或名牌等,采用大色块、高纯度和高饱和度的色彩方式,与黑色的线条形成对比,从而增强人物的视觉冲击力。颜色可以和线条重合且溢出,以凸显灵活与生动。下图仅供参考。 **3. 人物形象的差异化设计** 本项目的动画中没有设定固定主角,而是将人才培养计划中	为了使动画制作时更为便利,在平面制作时就需要为角色设计侧面、背面等的形态。

续 表

序号	关键步骤	实施要点	注意事项
2	角色设计	的四类人员刻画为多个运动员的形象以作为演示来用,所以在人物形象的差异化上没有特别要求。因此通过对发型、发色、名牌的颜色等稍作修改,就可以突出不同类型人物的差别。下图仅供参考。 	
3	场景设计	**1. 背景层设计** 根据本项目的风格要求,需要为整体动画设置纸张质感的背景层,以突出简笔画的生动性,可以选取褶皱纸或羊皮纸等背景层。 **2. 跑道设计** 除片头外,本项目的场景主要是马拉松的主跑道和四个分跑道。在设计时需要参照现实情景中跑道的特点,对实物进行抽象化的线条提炼,以形成极简的简笔画风格造型,从而使整个动画的风格构成统一的画面效果。下图仅供参考。 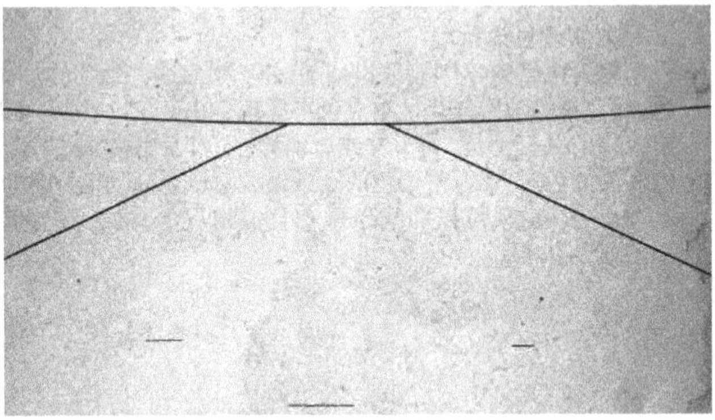 **3. 确定通用元素及非通用元素的设计** 根据脚本内容,可以总结出在不同场景中出现的通用元素和非通用元素。例如在主跑道中,无人机、香蕉、巧克力等元素就是非通用元素;而4个分跑道场景中则存在着大量相似之处,如路标、气泡、终点站等,我们就可以先绘制通用的部分,然后进行复用,稍作修改即可。这将大大提升制作的效率。下图仅供参考。	脚本没有明确规定的地方,可根据内容的需要,发挥创意,自行增添元素。

续表

序号	关键步骤	实 施 要 点	注意事项
3	场景设计	此外，需要注意的是元素的风格应与整体动画保持一致，造型与上色方式可以按照角色设计中的方法实施。下图元素仅供参考。	
4	动画制作	**1. 片头动画制作** 本动画片头要根据脚本要求进行设计，用真实的握笔的手在画画的动画效果，凸显出整个动画中的人物和场景是由人亲手绘制的感觉，为整个动画的简笔画风格做铺垫。 **2. 逐帧动画制作** 本项目在人物的动作上，为了能够有别于一般动画的机械感，而达到灵动的状态，采用逐帧动画来进行制作。以人物的奔跑动作为例，首先在时间轴的每一帧上逐帧绘制奔跑时的关键姿态，主要是手的摆动和腿的抬起等；接着将不同画面插入关键帧，并通过调整其位置等属性来表现出人物的前进感；最后把所有关键帧进行连续播放便可以得到奔跑的效果。 在整个动画中有多个人物奔跑的场景，为了制作的简便，可以在相似的情境中通过元件套进行复用。下图是奔跑过程中的部分绘制帧，仅供参考。 最后加入其他元素，如无人机、关键字等。对这些元素有规律的位移或缩放等动画效果，则可以使用补间动画制作。动画效果全部制作好后，便可以加入配音和音效，与动画进行适配。 **3. 转场动画制作** 各场景转换之间，需要制作合适的转场动画，让动画更加流畅生动。一般有细微型、温和型或华丽型等转场效果。	1. 逐帧绘制人物动作时，两帧之间不能跳帧变化太大，看起来太明显。 2. 逐帧绘制时，可以在每张画面形成不同的笔触，这样在形体结构保持一致的前提下，造型的线条会呈现稳定的笔触抖动感，这种抖动感在播放动画的时候可以增加整个画面效果的质感与层次感。

续 表

序号	关键步骤	实施要点	注意事项
4	动画制作	本项目是简笔画动画,整体风格简约、精炼,所以在转场动画的制作中,除了脚本上明确提出的转场方式,应当尽量使用细微或温和的转场效果。例如在片头中,镜头从步行的路线转为地平线的过程,就可以采用无技巧转场,利用镜头的动势,沿着线条方向自然过渡,从而实现行云流水的效果。当然,淡入淡出等一些温和的技巧转场也可以使用。 4. 字幕制作 本项目要求呈现字幕。在制作前,应先确定字幕文件的呈现样式:字体为微软雅黑,颜色为白色,有黑色轮廓描边,参考样式如下图: **开启属于自己的"马拉松之旅"** 制作时,要固定字幕的位置,居中显示。制作完成后要检查是否有错别字。	
5	审核修订	完成动画后需进行仔细地审核。检查包括页面元素有无缺漏多余、动画有无跳帧及漏帧、镜头有无穿帮、声画是否对位等。经修改确认无误后,才能交付。	

(三) 实训任务

1. 任务内容

参照"马拉松人才培养计划"的脚本内容,使用对应的平面、音频等素材,制作逐帧手绘动画,最终输出对应的 MP4 视频。

2. 任务素材

在开始实训任务前,由任课教师提供相关素材。

素材类型	包含内容
脚本	"马拉松人才培养计划"脚本
素材包	平面、音频

3. 成品欣赏

完成实训任务后可向任课教师索要成品视频,欣赏此任务对应的项目成品效果。

(四) 实训评价

根据下方评价标准,给自己的实训成果进行打分,每项 10 分,总分 100 分。

序号	评价内容	评价标准	分数
1	平面设计	绘制的人物形象是否简明清晰而又生动	
2		场景元素是否少而精并能够清晰突出重点	
3		人物造型风格与场景风格是否保持一致	
4		画面排版布局是否美观合理	
5	动画设计	角色动作是否协调流畅,无穿帮现象	
6		场景过渡是否自然,无错位现象	
7		镜头运用是否多角度交替而不单调	
8		配音、音效等是否与画面内容同步	
9		背景音乐的选择是否切合主题	
10		节奏是否张弛有度,是否让观众产生疲劳感	
总体评价			

(五) 实训总结

遇到的问题 列举在实训任务中所遇到的问题,最多不超过 3 个

续表

解决的办法 实训过程中针对上述问题,所采取的解决办法
个人心得 项目实训过程中所获得的知识、技能或经验

案例 4

企业人才培训方案宣传 MG 动画项目

一、项目介绍

(一) 项目描述

某金融科技公司计划启动公司业务发展需求及人才发展阶段的培养方案,为了展现培训方案的构建意义,该项目采用动画的形式进行宣传。宣传动画需从"学""习""变""传"四个角度出发,以直观的方式展现公司不同业务部门、不同团队共计30名新晋管理者完成为期100天的"蜕变之旅",从而帮助学员们在意识层面、工作层面完成从个人贡献者到团队管理者的初步转变。

(二) 基本要求

企业宣传动画在呈现MG动画快节奏特点的同时,画面需带有炫酷的科技风,偏立体感2.5D的场景(如下图所示)。

(三) 作品形式

根据项目需求,该项目动画最终输出格式为MP4,输出尺寸为1920×1080像素。

二、项目实训

基于上述企业真实的动画项目需求,归纳实施过程中的标准规范,挑选其中与典型的课程设计对应的实训活动。

(一) 实训要求

1. 制作要求

(1) 总体要求

本项目对场景要求比较高,在平面设计、动画制作过程中需要符合此项目的风格。

该动画宣传内容突出,动画流畅,扁平化风格,设计上颜色需要炫酷,并带有科技风,场景具有立体感。

(2) 平面设计要求

平面能准确表达脚本所要求的内容和场景动作。

各角色使用客户提供的人物素材,并且注意其比例、动作、阴影等细节。

场景设计要符合脚本制作的需求,一般以卡通、活泼的场景居多。尺寸、比例要符合日常生活。同时,场景的设计要具有创造力和想象力。

画面排版布局要合理,具有良好的辨识度和美观性。

(3) 动画设计要求

按照脚本要求添加镜头的推拉摇移,以增添画面的丰富度。

镜头移动时,人物、道具、场景要过渡自然,符合逻辑,避免出现移动错位。

动画中角色的动作和表情要流畅顺滑,不能出现穿帮、跳帧、动作生硬等问题。

(4) 其他要求

实训过程中,需要各位同学互相配合完成的任务,同学们可自行结成任务小组并推出组长,各同学通力合作共同完成实训任务。需要各位同学独立完成的,则要严格要求自行独立完成,不可进行抄袭、借用等行为。

各位学生需在规定课堂时间内完成实训任务,规定时间完不成的则自行在课外完成,并最终在规定时间内提交实训作品。

2. 技术规范

(1) 源文件规范

动画尺寸:1 920×1 080 像素。

声音设置:MP3 格式、比特率为 128 kbps、最佳品质。

(2) 平面制作规范

1) 设计风格

MG 扁平风,人物设计和场景均不要描线,配色要协调,整体带有科技色彩,场景偏炫酷(如下图所示)。

2）场景制作规范

场景的配色、设计，需与画面内容协调，可视脚本内容添加相应元素；同时场景不可采用单一配色，需根据文字内容，绘制合适的场景。

所有场景制作要在一块大地图上完成，从而形成一个具有立体感的 2.5D 画风的科技城（如下图所示）。

场景中的元素进行排版时，需对图片、图形、文字、色彩等元素进行合理的布局，力求能够呈现出脚本所表达的意图，并具有良好的辨识度和美观性。

3）文字样式规范

要配画面字幕，需要符合实际的风格特点；同时根据画面需要，要对部分文字进行一定的设计，匹配合适的字号、颜色、装饰等。

(二) 实训案例

1. 案例脚本

分 镜 效 果	解 说 词
【1】出现场景1一个悬浮盘,站了很多小人,他们有的是普通员工,有的是中层管理,有的高层管理。 【2】一个机械臂降落,在人群中筛选,里面若干中层管理小人托起,放到写着氨基酸计划的沙盘上,关键字:新晋升1年以内的中级管理者 【3】放大沙盘,里面被选中的小人举手欢呼,旁边出现绩效和推荐图标。	【1】你知道么!能被"氨基酸"计划重点培养的人【2】通过层层筛选。不仅需要符合——新晋升1年以内的中级管理者的入门要求,【3】还需要经过绩效以及部门长推荐的双重考验!
场景1推进到场景2: 【1】科技感的办公室,B坐在一个悬浮椅上,托着笔记本在办公,然后一个个发光电子邮件图标飞向B,碰触到B的时候,就化为了help。B头上掉下黑线。 场景2推进到场景3: 【2】一个未来会议室,B站在一个突出立方体上,在高处对着下方的员工们发出指示。 【3】下方的员工们交头接耳。 镜头跟踪到场景4: 【4】一个像是棋盘格一样的工作间里,近景,B手速飞快的工作。 【5】镜头拉远,整个工作间亮起灯光,其他工位上的员工的身影逐个消失。	【1】他们干劲满满,却不想总作为团队中的救火队员出现!【2】他们虽然专业扎实,【3】却不想给下属唯我独尊的印象;【4】他们不怕累,【5】却不希望忙成加班狗!
场景4推进到场景5: 一个探头对着B进行全息扫描。上方有两个指数: 个人能力指数很高。 管理能力指数很低。	他们是优秀的个人贡献者。
场景6资料室。 【1】A身后身旁光屏的影像是B的正面半身像。 【2】A对着这个影像一点,B平时的模样突然换成了更加正式的正装模样,发出彩光,升级了。 【3】出现关键字:氨基酸计划。	【1】但他们更需要【2】一个向团队管理者转身的契机!【3】氨基酸计划就是为他们设计的!
【1】一个有3个站点的新地图,B站在起点处,上方关键字:100天完成蜕变,【2】接着3个块建筑并分别标注如图关键字,【3】依次在建筑上方标注1、2、3。	【1】100天蜕变之旅,【2】包括5天集中学习,3个月在岗实践,【3】分3阶段来实施。
【1】B来到站点1(可以用飞到或者瞬移,飞的话,建议再脚部加上飞行器),直接在地图上弹出任务框: 任务1:了解管理者日常工作注意事项 下方是一张课单,内容如左。	【1】第一阶段主要帮助学员了解管理者日常工作中所需注意的事项。

续 表

分 镜 效 果	解 说 词
【2】穿梭到室内。B居中,站在一个营养仓内。身边不断弹出的学习期照片,关键字:案例分析、角色扮演、深挖提问,照片素材:("照片"这个文件夹内的照片分两次放,这里放4张,后面放5张)。 【3】镜头拉近营养仓的盖子升起,B头上分别冒出3个虚拟道具,提示: 　　管理者职责　　get 　　制定目标、计划　get 　　执行贯彻　　　get 　　绩效回顾　　　get	【2】在学习期间,通过在案例分析、角色扮演以及老师不断地深挖提问下,大家理出了自己的管理思路,意识到了管理行为的差距。 【3】在实践中,复习知识点、收集案例、交流探讨。
【1】B来到站点2,在地图上弹出任务框: 辅导与发展员工 下方是一张课单,内容如左。 【2】穿梭到室内,B的手在一个光屏前滑动,随着他滑动,出现一张张活动照片。 【3】B左右各自飞来一个授权工具,一个激励工具,飞向B。 【4】工具消失(被吃了)B身上闪烁,升级了。	【1】第二阶段侧重在员工的辅导与激励上。 【2】老师通过有针对性的指导, 【3】强化对于不同的授权、激励工具的理解与应用, 【4】进一步助推新晋管理者的角色转变。
【1】B来到站点3,地图弹出任务框:结业仪式。 下方是一张课单,内容如左。 【2】穿梭到一个未来培训室,分为以下几个区域。 长桌会议室,B发言,领导们听讲,并在头上出现点赞图标。 【3】一个讲台,B在发言,下方坐着五六个学员,三个学员站起依次发言,他们头上分别出现分享图标、评论图标和点赞图标。 【4】一面巨大的留言光幕前,五六个学员手里拿着笔,纷纷上前留言。学员彼此交流,头上出现开心的表情。	【1】第三阶段,结业仪式。 【2】除了邀请到关注计划的上级一同参与外,学员们分享各自的案例,同时针对其他同学的案例结合自身经验进行互相点评与反馈。 【3】线上线下共同学习的经历在最后创造了知无不言、包容开放的讨论环境,将整场培训推向高潮!

2. 实施步骤

序号	关键步骤	实 施 要 点	注意事项
1	脚本研读	1. 浏览解说词,明确制作内容 　阅读脚本解说词,可以发现内容主要是围绕职场中级管理者这一角色展开,包含角色的定义、工作内容、培训计划、培训阶段四部分内容。 2. 浏览画面说明,明确平面素材 　由于脚本中示意图的场景和元素主要以具有科技感的小人、画板、报表、办公设施的素材为主,因此在平面绘制中需重点突出科技效果,在背景选取上以选择蓝色或者淡紫色为主色调,采	

案例 4　企业人才培训方案宣传 MG 动画项目

续　表

序号	关键步骤	实　施　要　点	注意事项
1	脚本研读	用 2.5D 的设计风格进行绘制,也可以选取一些科技感强烈的元素如粒子、悬浮块、透明板等。 **3. 浏览动画说明,明确动画效果** 阅读脚本中媒体效果的说明,动画需符合 MG 快节奏的要求,过渡上以平滑、切换的动作效果为主,按照具体描述的内容,制作相应的动画效果。	
2	素材获取	根据脚本研读的情况,分析元素制作量和获取方式,部分人物设计、图片可以从素材库中调取,科技类的素材可从主流的设计网站中获取,但需注意版权问题。本项目中大部分素材需从网站获取,个别人物设计、文字标签需要原创设计。 主流设计网站:花瓣、千图网、站酷等。	
3	平面排版	**1. 背景图设计** 根据脚本内容的要求,背景可选择紫色与红褐色的渐变色,并搭配透明小方格作为元素点缀(如下图所示)。 **2. 人物设计** 特定人物可从素材库中直接选用。科技类小人需要从网站获取素材(可参考下图)。 绘制人物时参照上方已有的人物风格进行偏扁平化风格的绘制,风格保持统一。人物无结构阴影和地面投影,无外轮廓。可参考下图:	平面排版要风格一致、简单美观、配色和谐。

续表

序号	关键步骤	实 施 要 点	注意事项
3	平面排版	 3. 场景排版 在办公室场景中，弹出科技对话框时，要注意对话框的风格要符合科技风格(如下图所示)。 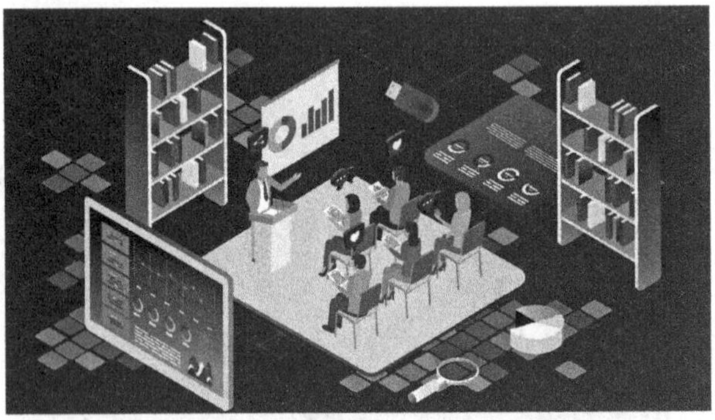 在展示场景中，设计信息框可用半透明悬浮效果展示文字、图片等，元素布局要简洁有序，美观大方(如下图所示)。  在地图场景中，需要体现出阶段式上升的效果，可用曲线和数字符号表示(如下图所示)。	

续 表

序号	关键步骤	实 施 要 点	注意事项
3	平面排版		
4	动画制作	1. 片头动画 动画开头没有设置标题文字,元素可从画面四周直接进入中间位置形成职场场景。 2. 动效制作说明 项目中涉及的动作效果数量较多,且需要运用多种形式来绘制,需通过场景间的转换、镜头的推拉来体现。 (1) 平移 确定需要移动的图形,在时间轴上将其转化成关键帧,然后在工具栏中选中选择工具,并在最后一帧上按住图形将其拖动到另一个位置。最后在时间轴开始和结束中间创建传统补间。 (2) 缩放 将需要缩放的素材转化成元件,类型选择图形并把注册点设置为居中。在面板中选取任意变形工具,通过鼠标移动边界的锚点来控制缩放效果。最后将缩放的素材转化成关键帧并创建补间动画。 3. 音效制作 MG动画中音效的使用会极大地提升动画的效果,因此在动效制作完后,可从网站中获取相匹配的音效。	1. 动画效果要丰富,能跟随着配音做文字的强调动画,避免长时间画面无动态的情况。 2. 人物动作流畅,没有穿帮、跳帧等问题。
5	审核修订	动画做完后,还需进行仔细地审核。包括检查整体动画是否流畅,页面元素有无缺漏多余、素材使用是否正确,动画有无跳帧及漏帧等各种细节问题。经修改确认无误后,输出对应的MP4文件,完成交付。	

(三) 实训任务

严格按照实训要求中的标准和规范,并参照实训案例中的操作步骤,完成下面的实训任务。

1. 任务内容

参照脚本制作要求,使用对应的平面、音频等素材以及通用的素材等,制作 MG 动画,最终输出对应的 MP4 格式动画。

2. 素材清单

在开始实训任务前,由任课教师提供相关素材。

素 材 类 型	包 含 内 容
脚本	"氨基酸新经理计划"脚本
素材包	平面、音频、人设、场景

3. 成品欣赏

完成实训任务后可向任课教师索要成品视频,欣赏此任务对应的项目成品效果。

(四) 实训评价

根据下方评价标准,给自己的实训成果进行打分,每项 10 分,总分 100 分。

序号	评价内容	评 价 标 准	分数
1	平面设计	各场景选用是否得当	
2		自行绘制的素材内容是否符合原风格	
3		人物、元素等是否按照脚本中的位置进行排版	
4		排版是否美观、整齐、合理、得当	
5		人物与场景之间的比例关系等是否正确	
6	动画设计	整体动画是否出现跳帧等动画基本问题	
7		角色动作是否协调	
8		动画和配音是否同步,与节奏是否匹配	
9		对一些知识点是否做明显的高亮强调	
10		各场景之间的转换是否自然和谐	
总体评价			

(五)实训总结

遇到的问题 列举在实训任务中所遇到的问题,最多不超过 3 个
解决的办法 实训过程中针对上述问题,所采取的解决办法
个人心得 项目实训过程中所获得的知识、技能或经验

案例 5

少儿数独课程动画项目

一、项目介绍

（一）项目描述

某教育培训机构需要开发一套完整的数独课程，包含四宫格、六宫格、九宫格。整个课程以冒险闯关的动画形式呈现，在情景动画中配上交互操作，让孩子边学边玩。

（二）基本要求

动画为偏扁平风格，无边线，有结构阴影，整体风格活泼可爱。部分内容可使用提供的平面素材，如需自己绘制，则需要保持风格一致。动画最终输出格式为 MP4 格式视频，输出尺寸为 1 920×1 080 像素，FPS 为 24 帧，声音输出格式设置为 MP3，比特率为 128 kbps，最佳品质。

（三）作品形式

根据客户项目需求，产品大体形式如下：根据脚本的内容，制作情景动画，用情景内容引出具体的知识点和学习内容，随后通过交互实现练习（如下图所示）。

二、项目实训

基于上述企业真实的动画项目需求，归纳实施过程中的标准规范，挑选其中与典型的课程设计对应的实训活动。

（一）实训要求

1. 制作要求

（1）总体要求

由于本项目场景较多，因此对平面要求比较高，在平面设计、动画制作过程中需要符合此项目的风格。

该动画属于故事情景类，对表情、动作细节要求较高，在深入理解脚本设计意图之后，需配合字幕制作相应且准确的表情动作等。

（2）平面设计要求

能准确表达脚本所要求的内容和场景动作。

各角色使用客户提供的人物素材，并且注意其比例、动作、阴影等细节。

场景设计要符合脚本制作的需求，一般以卡通、活泼的场景居多。尺寸、比例要符合日常生活。同时，场景的设计要具有创造力和想象力。

画面排版要布局合理，具有良好的辨识度和美观性。

（3）动画设计要求

按照脚本要求添加镜头的推拉摇移，以增添画面丰富度。

镜头移动时，人物、道具、场景要过渡自然，符合逻辑，避免出现移动错位。

动画中角色的动作和表情要流畅顺滑，要有眨眼等动作，不能出现穿帮、跳帧、动作生硬等基本动画硬伤。

制作人物动画时，尤其要关注肩膀、手肘、膝盖、脚踝等关节位置，容易出现连接不平滑、穿帮等现象。

（4）其他要求

实训过程中，需要各位同学互相配合完成的任务，同学们可自行结成任务小组并推出组长，各同学通力合作共同完成实训任务。需要各位同学独立完成的，则要严格要求自行独立完成，不可进行抄袭、借用等行为。

各位学生需在规定课堂时间内完成实训任务，课堂时间完不成的则自行在课外完成，并最终在规定时间内提交实训作品。

2. 技术规范

（1）源文件规范

动画尺寸：1 920×1 080 像素。

声音设置：MP3 格式、比特率为 128 kbps、最佳品质。

（2）平面制作规范

1）字体及字号规范

字体使用方正准圆简体，字号为 30～50 磅。

2）平面排版规范

根据排版原则,画面排版需要采用对齐、居中等格式,使画面具有良好的美观度。

若涉及较多文字排版时,需分行显示,并设置首行缩进2个字符;行间距可根据文字数量调整,一般以1.3～1.5倍为宜。

3）动画制作规范

要配上合适的、贴切主题的背景音乐。

背景音乐和音效的音量,要低于配音的音量。

人物动画表情要自然,应避免滑步、跳帧等基本动画问题;转场动画等要过渡自然,不生硬。

(二) 实训案例

1. 案例脚本

数独课程动画分镜脚本				
场景1:故事大背景讲解,小勇士们接受任务				
序号	旁白	画面描述	人物参考	场景参考
1	很久以前,在盘珠星球上的数独王国遭到了邪恶魔龙的入侵,魔龙施展法力制造灾害,使得数字居民流离失所,王国混乱不堪。	岩浆断崖场景,岩浆火舌分层次浮动,并泛火光。云层略微移动。恶龙在椭圆框范围内上下略微浮动,嘴吐火舌(如右侧人物参考及场景参考中所示)。		
2	很快,数独王国的求救信传遍整个星球,身在威斯顿岛的小勇士艾尔为了拯救数独王国,决定接受这个重要任务——前往数独王国找到三颗魔石并获得魔力来击败魔龙。	威斯顿岛风景场景,云层略微移动。镜头推进到艾尔全身(艾尔位置在画面椭圆框),艾尔正在阅读求救信。柯西和依以及飞船出现在艾尔身边(如右侧场景参考中所示)。	艾尔双手捧着信纸阅读的状态插画	

续 表

序号	旁　白	画面描述	人物参考	场景参考
3	为了顺利完成任务,他叫上了他最好的两个朋友——柯西和依依。满怀信心的三位小勇士们乘坐飞船踏上了冒险征程。	接上一场景,盘珠星宇宙视角场景,星环轮盘绕与星球一起旋转,飞船飞向盘珠星(如右侧场景参考中所示)。	飞船从左入画,飞向盘珠星缩小消失(飞船需要后期找素材)	
	场景2:飞船内部人工智能小A介绍数独和数独规则			
4	在到达之前,飞船内部的人工智能小A想考验一下小勇士们的能力,便给他们弹出了一个对话窗口,只有答出窗口末尾的问题才能得到小A的信任。小朋友们,请点击弹窗了解数独的起源帮助他们顺利过关吧。	飞船内部场景。三位小勇士侧身站在椭圆框范围内,小A在右侧(如右侧场景参考中所示)。对窗外外景星球做循环掠过的处理。旁白念到弹出对话框时,背景虚化,科技对话框弹出(科技对话框需要后期找素材)。点击弹窗上的"冒险须知",开始展示下一场景知识点。		
5	数独起源于18世纪的瑞士数学家欧拉等人研究的拉丁方阵,后来变为一种填数的趣味游戏,最后演变成了现在非常火热的数字逻辑游戏。数独有四宫数独、六宫数独、九宫数独、变形数独等等多种类型。每种数独都包含着行、列、宫、格等常见元素。而数独王国就是遵守这些数独规则的地方。小朋友们,了解了数独的背景知识,请帮助小勇士们解决问题赢得小A的信任吧。	承接上一个场景:背景虚化,将科技对话框放置中间位置(如右侧场景参考中所示)。科技框上出现对应知识点(第一课PPT的第3～5页内容)。对应旁白展示PPT中的图片。讲到"每种数独都包含着行、列、宫、格等常见元素。"所有元素需要过光放大表示强调。	人工智能小A	

2. 实施步骤

序号	关键步骤	实施要点	注意事项
1	脚本研读	1. 浏览制作信息，明确制作要求 阅读脚本内容，可以知道本课主要有两大内容：第一部分是作为整个故事的引入环节，大体介绍故事的背景；第二部分是在飞船内部，具体讲解数独的总体发展概况和知识点。 2. 浏览画面说明，明确平面素材 阅读脚本演示的场景和人物，可以看到场景和人物都比较丰富和细致，并且脚本写得也很详细。许多人物、场景素材都已经提供，但有一些画面中的元素需要自己设计和排版。在脚本中角色所在位置、动作的时间点等若有明确要求，需要额外注意。 3. 浏览动画说明，明确动画效果 阅读脚本中对动态演示效果的说明，并且结合范例，了解动态效果呈现的方式。	
2	素材获取	根据脚本研读的情况，分析动画实际展现情况，确定哪些元素可以从素材库中调取，确定哪些素材需要完全自行绘制。本项目中大部分内容可以从素材包中调用，比如三位小勇士的角色、各个场景都可以从素材包得到，而人工智能小A可以自行设计，其余的一些素材也需要自己绘制和设计，比如脚本中涉及的科技对话框、飞船等。	
3	平面排版	1. 场景文件选用 根据脚本分别选择对应的场景，如岩浆断崖场景选用"岩浆断崖场景.psd"（如下图所示）。 维斯顿岛风景场景使用"威斯顿岛艾尔家场景.psd"（如下图所示）。	平面排版风格要一致，简单美观，配色和谐。

续 表

序号	关键步骤	实 施 要 点	注意事项
3	平面排版	盘珠星宇宙场景使用"太空场景.psd"(如下图所示)。  飞船内部场景使用"飞船舱内场景.psd"(如下图所示)。  **2. 人物的选用** 根据脚本在素材中选用相对应的人物。人物身形、脸部轮廓过渡要自然,偏活泼、可爱类型,但需避免出现套用重复身形、脸型等(如下图所示)。  脚本对人工智能小 A 并没有提供平面素材,所以需要自己绘制。绘制时可参照上方已有的人物风格进行偏扁平化风格的绘制,风格保持统一。人物有结构阴影和地面投影两种,均无外轮廓。可参考下图: 	

续 表

序号	关键步骤	实 施 要 点	注意事项
3	平面排版	3. 平面排版 在舱内场景中,弹出科技对话框时,要注意对话框的风格要符合科技风格,包括内部的文字排版、颜色、图片的使用等,都要整齐有序,美观大方(如下图所示)。 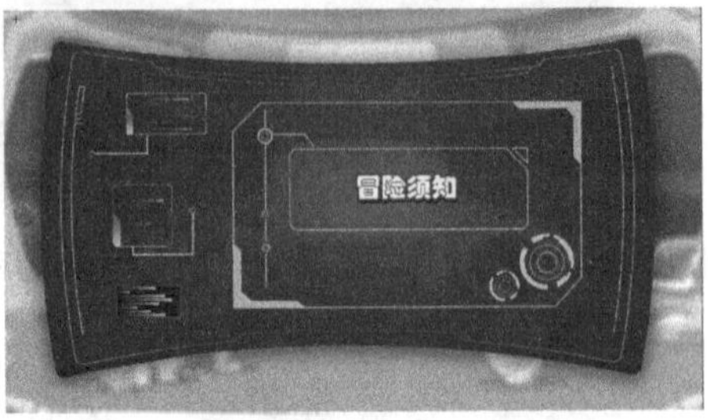 若涉及较多文字排版时,则需分行显示,并设置首行缩进两字符,行间距一般为1.3~1.5倍(如下图所示)。 	
4	动画制作	1. 开头要求 动画开头没有设计标题文字,直接以黑幕的形式开场,因而可自行设计开场的形状(如下图所示)。  2. 动画制作说明 本项目的动画制作部分,很多是通过场景间的转换、镜头的推拉来体现的。 在第一个场景,要表现出数独王国遭受了魔龙入侵,王国内部混乱不堪的景象,便可以通过镜头的移动来展示王国中残破的景象。	1. 动画效果要丰富,能跟随着配音,做文字的强调动画,避免长时间画面无动态的情况。 2. 人物动作流畅,没有穿帮、跳帧等。

续 表

序号	关键步骤	实 施 要 点	注意事项
4	动画制作	在第二个场景,画面原本展示的是威斯顿岛的风景全貌,随后镜头拉近至人物的全身,对人物的动作进行展示。为了能够更好地表达出紧急的状况,可以将人物手中的求救信放大展示。 因为场景比较多,在场景与场景之间可加上合适的过场动画。在讲解相关知识的时候,要注意根据脚本将相应内容做高亮、闪烁的动画效果,要注意这部分动画节奏要和配音相配合,并且配色要和谐。	
5	审核修订	动画做完后,还需进行仔细地审核。包括检查整体动画是否流畅,页面元素有无缺漏多余,素材使用是否正确,动画有无跳帧、漏帧等各种细节问题。经修改确认无误后,输出对应的MP4格式文件,完成交付。	

(三) 实训任务

严格按照实训要求中的标准和规范,并参照实训案例中的操作步骤,完成下面的实训任务。

1. 任务内容

参照"第一讲(节选)"的脚本内容,使用对应的平面、音频等素材以及通用的素材等,制作单词学习图文动画,最终输出对应的 MP4 课程。

2. 素材清单

在开始实训任务前,由任课教师提供相关素材。

素 材 类 型	包 含 内 容
素材包	平面、音频、人物设计、场景

3. 成品欣赏

完成实训任务后可向任课教师索要成品视频,欣赏此任务对应的项目成品效果。

(四) 实训评价

根据下方评价标准,给自己的实训成果进行打分,每项 10 分,总分 100 分。

序号	评价内容	评 价 标 准	分数
1	平面设计	各场景选用是否得当	
2		自行绘制的素材内容是否符合原风格	
3		人物、元素等是否按照脚本中的位置进行排版	
4		排版是否美观、整齐、合理、得当	
5		人物与场景之间的比例关系等是否正确	
6	动画设计	整体动画是否出现跳帧等动画基本问题	
7		角色动作是否协调	
8		动画和配音是否同步,与节奏是否匹配	
9		对一些知识点是否做明显的高亮强调	
10		各场景之间的转换是否自然和谐	
总体评价			

(五) 实训总结

遇到的问题
列举在实训任务中所遇到的问题,最多不超过 3 个

续　表

解决的办法 实训过程中针对上述问题,所采取的解决办法
个人心得 项目实训过程中所获得的知识、技能或经验

案例 6

卫健知识科普 MG 动画项目

一、项目介绍

(一) 项目描述

该项目是针对某医院对卫生健康方面的相关知识进行普及性学习而开发的,通过 MG 动画的形式,以直观的方式对青春期痤疮防治等内容予以介绍。

(二) 基本要求

动画要求较为活泼灵动,通过诙谐幽默的语言辅以特定的导学人物介绍青春期痤疮防止的相关内容,在动画制作过程中应严格遵循脚本,确保内容的准确性。动画时长约为 3 分钟,具体时间以配音为基准,在配音时间的基础上进行微调。动画输出尺寸为 1 920×1 080 像素。

(三) 作品形式

根据客户项目需求,产品大体形式如下:通过轻快幽默的 MG 动画形式,给予受众者轻松愉快的观看体验,进而了解青春期痤疮防止的相关内容(如下图所示)。

二、项目实训

基于上述动画项目的需求,归纳实施过程中的标准规范,挑选其中典型的课程设计对应的实训活动。

（一）实训要求

1. 制作要求

（1）总体要求

本项目要求制作人员先根据脚本中的配音文字，构思画面内容，每句配音至少构思一个画面（构思内容可通过文字或分镜画面的形式记录下来）；然后再进行平面制作、动画制作。

动画成品要具备 MG 动画的特点。

（2）平面设计要求

平面设计中，元素内容要以现实实际物体或现象为参考，不得进行过度夸张设计。

严格遵循脚本内容书写，保证卫生健康知识的正确性。

每个画面的元素要重点突出、详略得当。

（3）动画设计要求

MG 动画成品要呈现出轻快、流畅的节奏感。

动画不能有穿帮、跳帧、漏帧等情况。

（4）其他要求

通过网络搜集各平面、音效、动画等素材时，应尽量选择免费版权的，如遇版权不明的，需及时记录下来。

实训过程中，需要各位同学互相配合完成的任务，同学们可自行结成任务小组并推出组长，各同学通力合作共同完成实训任务。需要各位同学独立完成的，则要严格要求自行独立完成，不可进行抄袭、借用等行为。

各位学生需在规定课堂时间内完成实训任务，课堂时间完不成的则自行在课外完成，并最终在规定时间内提交实训作品。

2. 技术规范

（1）源文件规范

动画尺寸（制作）：1 920×1 080 像素。

帧频：25 fps。

动画时长：3 分钟左右。

声音设置：MP3 格式、比特率为 128 kbps、最佳品质。

源文件导出格式：fla 格式、MP4 格式。

（2）平面制作规范

1）设计风格

画面元素与脚本保持一致，风格为扁平风，配色协调，人物设计和场景不需要描线。

画面内容要在真实正确的前提下，兼顾生动有趣的动画风格，可以采用一些常见的动漫人物作为元素加以点缀。

根据配音稿构思画面内容,每句话至少构思一个画面。项目整体需要大量平面素材,但每个画面中平面素材配置的多少,则要恰到好处——既不能过少显得画面单调,也不能过多影响重点内容的呈现。

2) 场景/背景制作

根据配音内容判断每句话的画面呈现,是否需要搭配具体场景,如果需搭配场景,则场景内容与配音内容、画面元素要相匹配,且不需要完全呈现整个场景的设计,只需场景特殊元素呈现即可;若无须场景,则以简单纯色作为背景。

3) 人物设计

根据脚本内容,动画中需要一名导学人物形象:45岁左右,医生形象。

为丰富画面的内容,画面中涉及的其他人物形象,可根据每一句配音内容进行呈现上的思考,具体设计以脚本要求为主,人物形象基本上采用有简易五官的人物。

除通用人物外,各人物形象之间应有一定的区分度。

4) 文字样式

画面中的文字内容(标题、画面关键字、字幕等),需结合 MG 动画的风格特点,选择适宜的字体、字号、颜色。

根据呈现需要,需对部分文字进行美化设计,如阴影、装饰框、元素等。

5) 其他要求

画面的排版,要求构图美观、重心明确,且能够呈现出脚本(配音稿)所表达的意图。

画面中不能出现以下情况:明显的平面抠图后的残留色块,人物边缘缺失,背景色差过渡不均匀,模糊不清且无法分辨,漏边等。

(3) 动画制作规范

动画呈现需符合 MG 动画的基本特点——节奏感、流畅感,画面中所有元素出现时需动态呈现,而不是整个画面的直接显示。

重点信息呈现时,MG 动画节奏要适当放慢,可采用单一画面来展现该内容。

不同场景之间的转场,需选择动态的、流畅的、合适的转场方式。

为使动画成品更加生动,需添加合适的音效。

(二) 实训案例

1. 案例脚本

No.	人物	动画场景描述	旁白	音响	景别	秒数
1	俊男靓女	俊男靓女时尚靓丽的黑色背影,聚光灯来回闪烁。	旁白哥:青春、靓丽是青春期少男少女的专属名词。	欢快的音乐	特写至全景	5

续 表

No.	人 物	动画场景描述	旁 白	音响	景别	秒数
1	旁白哥、俊男靓女	聚光灯定格在一个男生的背影上,男生转过头来一脸的痘痘。接着前面的镜头,"痤疮"两个大字砸向屏幕,然后碎了,旁白哥蹲在有一盏路灯的墙角下,转过头来哭着。	旁白哥:可是、可是有的时候加上痤疮二字,再貌美的你也只能躲在墙角里独自流泪了。	音乐急转而下,出现一个惊恐的叫声	全景至近景	10
2	中医大咖、两个男生	中医大咖拉着一本巨大的《医学宝典》出现,书中写着"青春痘=痤疮",弹出一个场景:两个男生相遇,互相指着对方脸上的青春痘,掉头就走。	中医大咖:痤疮,中医称"粉刺",俗名"青春痘",是一种多发于青春期,令广大少年们谈"疮"色变的皮肤病。	配有音效	全景	6
3		《医学宝典》再翻开一页,出现痤疮病因的原理图,动画演示痤疮形成的过程。	中医大咖:用咱们专业的医学术语来讲就是毛囊、皮脂腺的慢性炎症。	配有音效	特写	6
4	痘痘怪	根据语言的叙述,依次出现人的脸部、胸部、背部的图片。一个痘痘怪跳到镜头前,流着口水看着这三张图片。	中医大咖:所以说,脸部、胸部、背部等皮脂溢出明显部位是它最喜欢盘踞的地方。	痘痘怪的怪笑声	中景	6
5	皮脂腺超人、细菌小球怪	皮脂腺超人登场,然后从皮肤上飞过,皮肤上面顿时出现了一层透明的盾牌。一群细菌小怪正在皮肤上搞着破坏(挖坑的,炸洞的),超人飞到他们面前一跳,细菌小怪全被震飞了。	中医大咖:作为皮肤的一个重要腺体,皮脂腺分泌的皮脂不仅可以润肤护肤,而且还能抑制皮肤表面的细菌。	配有音效	全景	8
6	皮脂腺超人、痘痘怪	超人正在飞行,突然上空出现三张图片:"内分泌失调""温度不稳定""暴饮暴食",超人脸一黑坠落到地上,然后摔碎了。在超人摔碎的地方,痘痘怪从里面蹦了出来,邪恶地笑着。	中医大咖:但当我们的皮脂腺受到内分泌、外界温度以及饮食等因素的影响时,皮脂腺则会功能失调,皮脂分泌增多,痤疮便会诞生。	配有音效	全景	7

续表

No.	人物	动画场景描述	旁白	音响	景别	秒数
7	痘痘怪	痘痘怪悠闲地躺在沙滩上，戴着墨镜，手里举着一个写着"粉刺"的牌子。突然，痘痘怪站起来发怒，整个脸通红，嘴里喊着"疼死你"。	中医大咖：痤疮的常见皮损为白头或黑头粉刺，炎症反应明显时，则会出现脓疱，甚至结节、囊肿，而且还常伴疼痛。	配有音效	全景	7
8	痘痘怪	俯视，痘痘怪正在发威，突然被拍扁了，旁边出现了一个箭头解释：疤。	中医大咖：更严重的是，炎性皮损消退后，部分会遗留较明显的瘢痕，这可比要了广大少女们的命还难受。	配有音效	近景	4
9	中医大咖	中医大咖出现，拿着防护盾抵御痘痘大军，旁边的医学宝典闪闪发光。	中医大咖：中医强调"未病先防"，所以为了不让痘痘长出来、不让痘痘长大、不让痘痘严重，只有层层封锁才能战胜痘痘大军。那么青春痘究竟要如何预防呢？	配有音效	全景	10
10	中医大咖	中医大咖指着书本上的"洗脸×3"。	中医大咖：首先，得保持每天洗脸的好习惯，可以早中晚各一次。	配有音效	近景	5
11	中医大咖	中医大咖站在一个假人面前，使劲帮他擦脸，然后从口袋里掏出一块肥皂，往后一扔。	中医大咖：每次用柔软的毛巾配合温水轻柔脸部，不宜使用皂化成分过多的洗脸剂，尤其是肥皂。	配有音效	近景	5
12	中医大咖	黑板上呈现"护肤篇"三个字，场景同11。	中医大咖：其次，选择恰当的护肤品。	配有音效	近景	3
13	旁白哥	场景分左右两部分：左边是旁白哥赤膊站在烈日下，光线像箭一样射向他，但是都弹开了；右边是在寒风中，旁白哥的头发被吹向后面去了，寒风也像箭一样吹到他脸上，但是也都反弹开了。	中医大咖：根据季节不同，注意皮肤保湿及防晒。	配有音效	近景	4

续 表

No.	人 物	动画场景描述	旁 白	音响	景别	秒数
14	旁白哥	旁白哥头上戴了一个头盔,然后用右手戳痘痘,怎么戳都戳不动。	中医大咖:没事儿别老用手挤压痘痘。	配有音效	中景	4
15	旁白哥	场景接着上一个镜头。旁白哥把头盔扔掉,转身开始跑步,场景切换成移动状态,然后镜头缩小。旁白哥站在跑步机上跑步,对后面移动的背景进行投影处理。	中医大咖:第三,保持良好的心情,劳逸结合,最重要的是多运动,接接地气。	配有音效	中景到全景	6
16	中医大咖	场景接着上一个镜头。旁白哥跑累了,走到桌前一手拿水果,一手拿着水,一边吃水果,喝水。	中医大咖:第四,注意饮食健康,多吃水果蔬菜,少吃辛辣刺激类食物,平时多喝水。	配有音效	全景到中景	8
17	旁白哥	场景同11。旁白哥正在讲台上说话,有人一手拿烟一手拿酒走上前,旁白哥侧过头看了一眼,就把他赶走了,然后义正词严地说"年轻人要学会向坏习惯说不!"	中医大咖:第五,烟酒就不要去碰了,那些都是无益于身心健康的东西,处在青葱岁月的我们更应当洁身自好,远离烟酒。	配有音效	近景	10
18	中医大咖、人物A	人物A正在目不转睛地写着作业,中医大咖来到他身后,伸手把他一拽,扔到了床上。被子从上方掉下来,正好盖住人物A的身体,关灯。	中医大咖:第六,虽说每天的作业很多,但尽量还是要保证睡眠质量,早睡早起,方能养生嘛!	配有音效	中景	9
19	人物A、痘痘怪	接着前面的场景。人物A正在熟睡,痘痘怪从后面鬼鬼祟祟地露出两只眼睛,得意的一笑。	中医大咖:所谓百密一疏,不怕贼偷就怕贼惦记着,万一痘痘还是无情地爬上了脸颊,还是得认真对待的。	配有音效	中景	9
20	旁白哥、中医大咖	旁白哥照着镜子,发现脸上痘痘非常多(中医大咖同时进场),瘫在地上放声大哭,中医大咖走过来拎着旁白哥走向医院(旁白哥一直在哭)。	如果痘痘过于严重,就别自己瞎折腾了,还是去医院看看医生吧。	配有音效	全景	7

续 表

No.	人物	动画场景描述	旁白	音响	景别	秒数
21	中医大咖穿着郎中服装	中医大咖摸着胡子,脑海中浮现黑白两个小人(代表阴阳),原本分站左右的两人,突然打起架来。	中医大咖:中医称痤疮是肺风粉刺,是体内阴阳不和脏腑功能失调引起的。	配有音效	近景	7
22		正在打架的黑白两个小人,被一双手拨开,然后回归原位。	中医大咖:可谓"诸外必形于内",内外兼治、双管齐下,方能达到治愈的目的。	配有音效	近景	8
23	心娃娃、肝娃娃、脾娃娃、肺娃娃、肾娃娃	画面中是一个五边形,五个娃娃各占一角[肺娃娃浑身冒着汗(伸着舌头);心娃娃周身上下都是火(都快焦了);脾娃娃浑身滴着水;肝娃娃浑身干瘪,四肢无力;肾娃娃十分寒冷,浑身打颤]。这时一个写着"中药"2字的圆形从这五个娃娃身旁依次划过(圆圈绕着五边形走了一圈),每划过一个娃娃,这个娃娃的症状就缓解了。最后这个五个娃娃笑容满面,手拉手,并且开始转圈,而这个圈变成了一个太极图(附参考图)。	中医大咖:内服中药,辨证施治,采用清肺热、泻心火、清利肝脾湿热、滋肾阴降相火等法,调理脏腑,使其达到平衡,五脏相互协调为用。	配有音效	近景	8

续表

No.	人物	动画场景描述	旁白	音响	景别	秒数
24	旁白哥	旁白哥站在讲台上总结发言后,转身在黑板上写下"无痘万岁",底下掌声一片。	旁白:青春无限美,希望同学们在享受青春的同时,也要同时保护好自己肌肤的健康,不再为痘而愁!	配有音效	全景	10

2. 实施步骤

序号	关键步骤	实 施 要 点	注意事项
1	脚本研读	**1. 了解主题、风格、时长等基本制作信息** 根据《青春期痤疮的防治》脚本,可以判断动画主题是围绕"青春期痤疮防治"相关内容的。根据项目要求,了解到动画形式为基于 MG 的动画,要求风格活泼灵动,画面素材无描边、动画注重流畅的节奏感。根据脚本中要求,初步判断动画时长为 3 分钟左右。 **2. 梳理所需素材** 根据脚本中的配音内容,梳理需要制作/搜集的素材,并进行画面构思,要求每句话至少配一个画面。 **示例**:以脚本的第一个旁白"青春、靓丽是青春期少男少女的专属名词"进行举例。 针对这句话的画面构思为: 在聚光灯闪烁的简易舞台背景下,依次出现俊男靓女黑色舞动的背景,画面由俊男靓女背景的特写转为全景展示。 根据上述画面构思,梳理出画面中需要的平面素材为: ① 简易舞台背景 ② 男女黑色背景形象 ③ 聚光灯元素及光束 后续实际绘制时,制作人员可进一步发挥创意,完善作品。	
2	素材获取	根据脚本研读的结果,结合实际情况,分析哪些素材可以从以往项目中调用修改,哪些元素可通过相关网络进行搜集,哪些素材需要完全自行绘制。 常用的平面素材搜集网站:千库网、包图网、千图网、昵图网、我图网、摄图网、花瓣网等。 常用图标搜集网站:阿里巴巴矢量图标图。	
3	角色设计	该项目中,需设计一个导学人物,导学人物为中医形象,40~45 岁左右。若以往的项目中有类似的角色形象,可在适当修改后进行使用,若以往项目中没有类似的角色形象,可查找或搜集相似形象,并在此基础上修改人物的脸型、发型、五官、服装等,从而设计成想要的人物形象。	

续 表

序号	关键步骤	实 施 要 点	注意事项
3	角色设计	对于其他人物形象的设计,并不需要进行精细化设计,仅体现人物基本形态和表情动作即可,但对于需要进行动态动作展示的人物,则要注意将其进行拆解,将关节元件拆开,从而方便动画设计师设计相关的肢体动作。	
4	场景/背景设计	该任务动画中,并不涉及复杂场景的设计,纯色背景出现的较多。 需注意的是,纯色背景并不是单一呈现的,需要体现我们对于画面的设计思考,可根据脚本内容在纯色背景上添加简单元素,以丰富画面的内容,使得画面呈现、动画效果更加美观。	如有需要,同一个场景可前后重复出现,但不能过多重复,以免观看者产生画面疲劳。 此外,为便于后期的动画制作,需对制作的场景进行分图层处理,使素材具备可操控性。
5	素材绘制	根据脚本内容,结合自己的设计思路,对于动画中所涉及的元素进行绘制,绘制方法主要通过布尔运算或手绘,将基本图形绘制出所需要的扁平风素材。 该任务所需的平面素材量大,因此,需要注意:素材的风格一定要保持统一。	为便于后期的动画制作,需对制作的素材进行分图层处理,使素材具备可操控性。
6	动画制作	1. 片头动画 该任务需要绘制一个简易片头动画,片头不需要过多的元素呈现,只需体现主题"青春期痤疮的防治"即可,辅以元素点缀。 2. 补间动画制作 本项目的 MG 动画为了区别于一般动画的机械状态,通常采用补间动画搭配快节奏的转场来呈现,在补间动画制作前可以将配音拖入时间轴,这样后期在制作动画时可以根据配音内容来进行。 动画效果全部制作好后,根据脚本内容添加音效,音效的具体效果要与动画进行适配。 3. 转场动画制作 MG 动画中,转场不单单表示段落与段落、场景与场景之间的过渡或转换,还关系到整部作品的表现力。该项目动画故事性较强,在制作过程中,不宜采用硬切等转场方式,可以采用相同主体转场或逻辑性转场等。 实际制作时,请进一步发挥创意,选择运用合适的转场方式。 4. 字幕制作 本项目字幕的字体、字号、颜色等要求,可详见前文"技术规范"部分。制作时,要固定字幕的位置,居中显示。制作完成后要检查是否有错别字、字幕与配音是否匹配。	

续表

序号	关键步骤	实施要点	注意事项
7	审核修订	成品完成后,还需进行仔细地审核。包括检查画面元素有无缺漏多余,动画有无跳帧漏帧,字幕是否准确等。经修改确认无误后,才能交付。	

(三)实训任务

严格按照实训要求中的标准和规范,并参照实训案例中的操作步骤,完成下面的实训任务。

1. 任务内容

参照"青春期痤疮的防治"的脚本内容,制作 MG 动画,最终输出对应的 fla 文件、MP4 文件。

2. 素材清单

在开始实训任务前,由任课教师提供相关素材。

素材类型	包含内容
脚本	"青春期痤疮的防治"脚本
素材包	配音

3. 成品欣赏

完成实训任务后可向任课教师索要成品视频,欣赏此任务对应的项目成品效果。

(四)实训评价

根据下方评价标准,给自己的实训成果进行打分,每项 10 分,总分 100 分。

序号	评价内容	评价标准	分数
1	平面设计	素材收集、元素设计是否符合要求	
2	平面设计	背景设计是否美观合理	
3	平面设计	场景设计是否美观合理	
4	平面设计	画面排版布局是否美观合理	
5	动画设计	MG 动画的节奏感是否轻快、流畅	
6	动画设计	相关元素的动态呈现效果是否合适恰当	

续表

序号	评价内容	评价标准	分数
7	动画设计	音效的运用是否合适恰当	
8		无跳帧、漏帧、白屏、穿帮等情况	
9		转场动画的运用是否恰当	
10		字幕是否准确	
总体评价			

(五) 实训总结

遇到的问题
列举在实训任务中所遇到的问题,最多不超过3个
解决的办法
实训过程中针对上述问题,所采取的解决办法
个人心得
项目实训过程中所获得的知识、技能或经验

案例 7

太空知识科普电子书项目

一、项目介绍

(一) 项目描述

睿泰集团内部以纪录片《太阳的奥秘》为原始素材,制作一本科普电子书。该科普杂志将通过有趣味的互动式阅读体验、动感的视听效果,激发读者对探索太阳奥秘的兴趣和热情。

(二) 基本要求

本项目的电子书属于科普类杂志,既要凸显传统科普类书籍科学、严谨、专业的特点,同时也要突出电子书有趣、有料的呈现优势。根据原始纪录片素材和脚本,梳理知识点和可用素材,最终输出为 Diibee 软件的 dbz 格式,输出尺寸为 1 024×768 像素,方向为横向。

(三) 作品形式

根据项目的目标要求,产品为用 Diibee 软件制作的电子书,成品电子书包括封面、目录、前言、首章、内容和结束语六大模块,包含图片、音频、视频、动画和小问答等多种展现形式和交互操作。

二、项目实训

基于上述电子书项目真实的需求,归纳实施过程中的标准规范,挑选其中典型的课程设计对应的实训活动。

(一)实训要求

1. 制作要求

(1) 总体要求

本项目属于科普类杂志,在项目实施中要注重领域特色。

根据脚本,在原始纪录片中提取相应素材并进行加工使用。

本项目的电子书框架的逻辑要条理清晰,依照内容分层次设计对应页面及下属界面。

本项目的最终呈现形式要版面精美、重点突出、动态多样、交互易操作。

(2) 平面设计要求

整体的平面设计要符合科普类杂志的风格,能够层次分明,清晰、有效地呈现知识。在营造科学氛围的同时,激发读者的探索欲。

根据排版规则,结合杂志的特性,合理处理文字、图片和装饰元素等之间的关系,避免某一页面上的文字和元素过多,或某一页面上的文字和元素过少。

交互按钮含义要明确,大小适中,位置醒目,方便读者查看与辨认。

(3) Diibee 电子书制作要求

电子书包含的封面、前言、目录、首章、内容和结束语六大模块,因此需根据脚本,按照此框架顺序制作。

除文字和图片内容,还要配以动图、视频、音频等多媒体辅助讲解,从而实现区别于传统纸媒的可视化、直观化的表达效果。

需运用生动多样的交互方式呈现图片、文字和音视频信息。但要注意相似的操作需要保持一致,避免视觉和体验上的杂乱。

(4) 其他要求

此项目中所需的平面元素如来自网络搜集,应尽量选择免费版权的元素。

实训过程中,需要各位同学互相配合完成的任务,同学们可自行结成任务小组并推出组长,各同学通力合作共同完成实训任务。需要各位同学独立完成的,则要严格要求自行独立完成,不可进行抄袭、借用等行为。

各位学生需在规定课堂时间内完成实训任务,规定时间完不成的则自行在课外完成,并最终在规定时间内提交实训作品。

2. 技术规范

(1) 源文件规范

平面大小：1 024×768 像素，分辨率不高于 72。

平面保存格式：psd 格式。

电子书分辨率：1 024×768 像素，方向横向。

电子书保存格式：dbz 格式。

(2) 平面制作规范

1) 基本要求

本项目为科普类项目，电子书中所有内容需保证准确无误。

2) 标题样式

封面页标题可自行设计，但要紧扣和突出项目的主题，体现出科学、严谨的态度。下图仅供参考。

太 阳 的 奥 秘

目录页章节名称要通过文字样式的变化突出关键字。下图仅供参考。

相同级别的标题要大小统一，字体颜色可随画面背景变更。下图仅供参考。

1.1 太阳内部活动及研究方法

3) 正文样式

正文字体要大小保持统一，字体颜色可随画面背景变更，但要清晰可识别。

行间距可根据文字数量调整，以 1.2～1.5 倍行距为宜。对于多行文字，要首行缩进 2 字符。下图仅供参考。

我们自古就对太阳心驰神往，我们对它顶礼膜拜，并根据它创造了人类文明。白昼发生日食时，我们惊讶万分，太阳产生能量，点亮两极的夜空形成一道道舞动的光幕，这便是极光。

4) 素材设计要求

根据脚本内容及要求，在原始纪录片中提取对应素材并对素材进行加工，但要保证素材的清晰。

案例 7　太空知识科普电子书项目

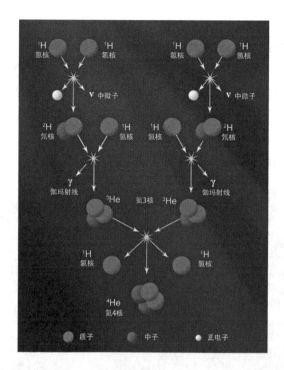

页面需结合文字内容设计背景与装饰元素,但要具有密切的相关性。下图仅供参考。

交互按钮的设计要含义明确、有辨识度,如点击按钮、视频播放按钮、音频播放按钮、滑动浏览按钮、退出按钮等(如下图所示)。

5）排版布局要求

整体排版风格需保持统一，避免出现风格杂乱的情况。

排版的内容顺序需与脚本顺序对应，切勿出现缺少内容或内容顺序错误的情况。

页面应避免内容过多或者全是文字的情况，防止元素拥挤，给观看者造成视觉疲劳。

（3）电子书制作规范

1）页面布局说明

页面上方应显示当前页面章节序号与章节标题，如下图所示。

页面下方为快速导航按钮，点击后可浏览并快速切换至其他页面（如下图所示）。

2）音频处理要求

根据脚本要求，从原始纪录片中提取相应语音片段，并且做降噪处理。

截取音频片断时注意语句与文字内容保持完全一致。

围绕本电子书项目的主题选取合适的背景音乐。

对于电子书中的交互操作,要适当增加合适的音效。

3) 视频处理要求

根据脚本要求,从原始纪录片中提取相应视频片段。

截取视频片断时需注意画面的完整性,切勿出现卡顿、黑屏等问题。

视频呈现时注意视频尺寸要保持统一。

4) 动画处理要求

页面内的元素要尽可能呈现灵活、多样的动态效果,例如标题的飞入、太阳表面的闪烁与发光、地球的自转、地震波的波纹等。这些可以通过对平移、缩放、旋转、透明变化度等效果的综合运用,组合出更多种生动的动画效果。下图仅供参考。

对于动画演示、模型展示部分要通过静帧动画呈现动态的变化过程,以便于理解(如下图所示)。

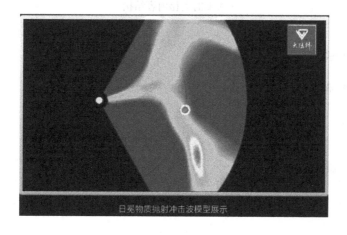

5) 交互呈现要求

以"点击—页面跳转"的方式设置目录页与内容页的切换(如下图所示)。

呈现文字与多媒体内容时,要灵活运用单击、滑动、按压等丰富的动作事件,以达到流畅、活泼、有趣的效果。下图仅供参考。

需留意各个按钮功能是否有效,避免出现点击无反馈的状态。

(二)实训案例

1. 案例脚本

太阳的奥秘内容结构
前言 一、太阳风暴形成的原因及表现形式 　　章首语 　　1.1 太阳内部活动及研究方法(音频) 　　　　地震学 　　　　日震学 　　1.2 等离子 　　1.3 核聚变 　　1.4 光子的旅行(音频) 　　　　辐射层 　　　　对流区

续 表

太阳的奥秘内容结构

1.5 小结：太阳光形成并照射到地球的过程
    ＊极光
 二、太阳风暴对地球的影响及危害
  章首语
  2.1 太阳风暴对地球的影响
    人造卫星
    供电系统
    无线电信号
 三、人类卫星监测进一步了解太阳风暴的形成原因
  章首语
  3.1 日冕物质抛射冲击波模型
  3.2 磁场、耀斑，以及日冕冲击波的形成
    磁场
    太阳耀斑
    日冕冲击波（音频）
    ＊赏析——太阳表面：卫星照片
    ＊赏析——动态卫星图片展示
 四、太阳风暴爆发的周期及预测
  章首语
  4.1 太阳活动极小期和极大期
  4.2 比尔莫塔的预测（音频）
  4.3 吉姆格林的发现
  结束语

2. 实施步骤

序号	关键步骤	实 施 要 点	注意事项
1	框架研读	1. 浏览制作信息，明确制作要求 阅读与观看《太阳的奥秘》电子书脚本与《太阳的奥秘》纪录片，明确该项目主要通过从原始的纪录片中提取相应内容与素材来完成，并且了解该项目的逻辑结构、动画、音频、视频等方面大致的交互需求。 2. 浏览画面说明，明确平面素材 阅读脚本中的内容与效果说明，明确哪些素材需从纪录片中提取，哪些是需自行绘制和设计的部分。通过脚本内容可以总结出在本项目的实训任务中，涉及专业知识的图片需要从纪录片中提取并加工美化。 3. 浏览动画说明，明确动画功能 阅读电子书设计框架，了解电子书中需要呈现灵活多样的动画形式，并且涉及静帧动画。在此基础上，明确实现动画所需的平面元素、顺序和需要呈现的效果。	

续 表

序号	关键步骤	实 施 要 点	注意事项
1	框架研读	4. 浏览交互说明，明确交互功能 阅读框架中的页面效果说明，明确交互的对象、触发时机、触发条件和响应动作等。	
2	素材获取	根据电子书设计框架、内容框架和制作规范的研读结果，明确素材的获取渠道。 1. 与专业知识内容相关的素材 对于与专业知识内容相关的素材，主要从原始纪录片中获取；对于清晰度尚可的图片，可截取后直接使用；对于清晰度不佳的图片则需要重新绘制。 2. 装饰及背景元素 对于页面中的装饰性元素和背景元素等，既可以从原始记录片中获取并加工后使用，也可以从纪录片中获取灵感后，在网络寻找相关元素修改后使用，但要注意需保持整体风格的一致性。 3. 图标及交互按钮元素 在图标和交互按钮的元素设计上，我们可以从以往的项目中寻找是否有可直接调用或加以修改便可使用的元素。图标和按钮需要有高辨识度，避免产生使用困难。	
3	平面设计	平面设计师在 Photoshop 软件中对各页面进行排版，以便后期在电子书中能够更快、更顺利地进行操作。 1. 整体版式的风格 根据项目制作要求，确定主题颜色和版式风格。结合项目主题内容《太阳的奥秘》，在颜色上可以选择代表宇宙的深蓝和代表太阳的橙红色作为整本书的基调色。在版式设计上既要遵循科普读物庄重、严谨、专业的一般设计原则，也要突出电子书灵活多变，活泼动感的特点，从而使整本书富有感染力。下图仅供参考。 根据项目制作要求，页面尺寸为 1 024×768 像素，版式为适合移动端播放的横版。	1. 设计好的平面图片素材长与宽不得超过 2 048 像素，否则将无法导入 Diibee 软件。 2. 在 Photoshop 软件中排版时，单页内容大小需控制在 2 M 以内，整本书内容要控制在 300 M 以内，这样才能在制作电子书时，在保证清晰度的同时获得较好的用户体验。

案例 7 太空知识科普电子书项目

续 表

序号	关键步骤	实 施 要 点	注意事项
3	平面设计	在正文内容页上进行框架布局并通过参考线固定位置。页面上方为当前页面章节序号与章节标题,下方为快速导航按钮。 **2. 单页图文的设计与排版** 封面页的设计应当通过标题与元素的设计,直接展示本书的主题,并且具有一定的视觉冲击力。 结束语页的风格与封面保持统一。 章首页需突出每一章节的主要内容,因此可以选取与章节主题相关的元素进行排版设计。四个章节的章首页保持相同的风格样式。 内容页主体为知识性文字的部分,需要遵循文档排版的基本原则,如多行的文字的首行缩进格式和行间距的统一等。根据脚本要求,为了避免全是文字的情况,需要选取贴切的图片对主体知识进行讲解,挑选相关的元素进行补充和装饰。此外,还应注意图片与文字的协调性,要重点突出、主次结合、层次分明,使知识点能够清晰呈现。下图仅供参考。	
4	电子书制作	**1. 素材编排** 图片切图。呈现设计师在 Photoshop 软件中,利用切片功能对设计稿进行切图,把各元素存储为背景透明的 PNG 格式,以便在 DB 软件中呈现更多的动画和交互效果。 新建普通页面。在 DB 中,新建 1 024×768 的横向画布,进行二次排版。对于一般页面,新建空白页面即可(如下图所示)。	

续 表

序号	关键步骤	实 施 要 点	注意事项
4	电子书制作	新建子页面。对于包含超长或超宽图的页面,则需要为长图单独新建页面,然后按照长图的尺寸更改子页面大小,放置好长图(如下图所示)。  然后在主页面中,新建子页面,将包含长图的页面作为子页面引用到主页面上,选择滚动或拖拽实现长图的预览(如下图所示)。 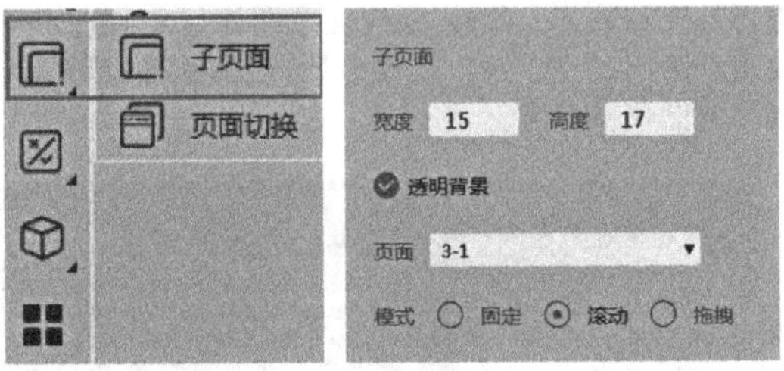 导入素材。页面建立完成后,即可参考制作好的平面稿件,将图片素材导入,进行二次排版。对于普通图片,点击工具栏中的"图片"按钮,即可导入;对于解说音频、音效、背景音乐等音频文件,可以选择工具栏中的音频按钮导入;对于视频文件,可以选择工具栏中的视频按钮导入。由于导入的素材数量繁多,应当对素材进行细致地命名和分组,以便在动画制作和交互制作时能快速定位(如下图所示)。 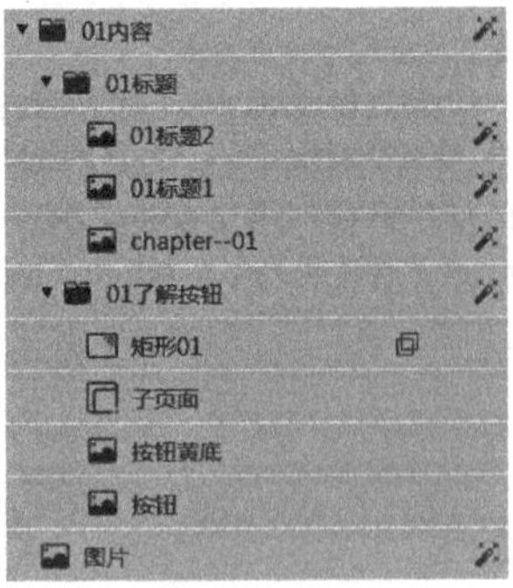 2. 动画制作 本次实训任务中,动画演示和模型展示部分需要通过静帧动画来实现。静帧动画的实施可以通过动画软件与	1. 平面设计中的呈现效果并非最终效果。在 DB 中制作电子书时,还需根据实际情况,考虑动画、交互等对页面体验产生的影响。所以制作过程中需要通过预览功能,反复修改和调整。 2. 本次实训任务并没有对动画效果作出特别具体的要求,这就需要呈现设计师充分发挥自己的创意,使页面视觉效果更为生动、丰富,这也是电子书是否能够让读者眼前一亮,过目难忘的关键。

续 表

序号	关键步骤	实 施 要 点	注意事项
4	电子书制作	DB 组合实现。首先在动画软件中制作逐帧动画,导出序列帧(如下图所示)。 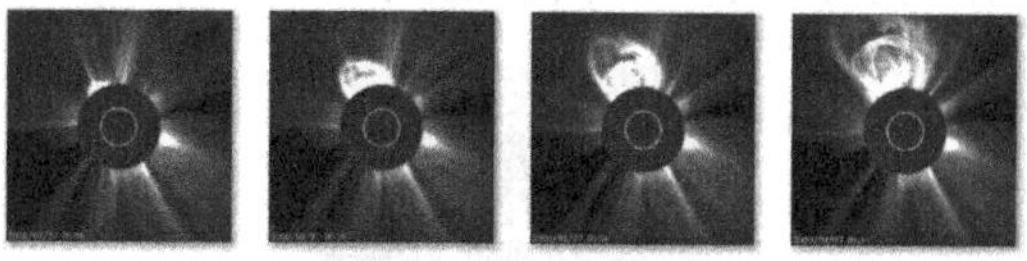 接着通过工具栏中的"序列动画"按钮,将多张图片批量导入 DB 软件中即可(如下图所示)。  除了使用这种方法,还可以在动画软件中制作逐帧动画后,将其导出成为 GIF 图片,再在 DB 软件中导入,也可实现相同的效果。 其他动画效果则可以使用 DB 软件中自带的缩放、平移、旋转的变换和透明度变换的动画功能来完成。 ① 平移动画。平移动画的使用范围非常广泛,文字和图片都可以使用。例如,需要实现下图的人造卫星从画面以外的左下角入场的效果,就可以通过对其设置变换动画,并通过在属性的"平移"一栏中修改 x 轴、y 轴上的数值来实现。  ② 旋转动画。例如,要实现下图机器人挥手的动作效果,可以对其设置变换动画,并通过在属性的"旋转"一栏中修改 z 轴上的数值来实现。 	

续　表

序号	关键步骤	实　施　要　点	注意事项
4	电子书制作	另外在交互按钮外部,可以设计一些简单线条,并让这些线条旋转起来,以达到在增加的科技感的同时,吸引操作者的注意的效果(如下图所示)。 ③ 透明度动画。对透明度动画的灵活运用也可以实现意想不到的效果。例如,要实现宇宙深处星星明暗交替地闪烁效果,就可以通过透明度动画来完成。首先,找到星空的素材(如下图所示)。 将素材导入到 DB 软件中,并将其命名为"星空 1",然后再复制 1 份,将其命名为"星空 2",将两张图片以水平方向略微错开叠放。 接着分别对这两个图片文件进行不透明度的设置。对"星空 1"进行"透明—不透明—透明"的设置,对"星空 2"进行"不透明—透明—不透明"的设置,这样同时播放这两个动画时,就会产生星星明暗交替的闪烁效果。 ④ 多种动画效果相结合。要想实现更生动、有趣的动画,往往要结合多种动画效果。例如,我们要实现太阳从正中央移动到画面的左下角的效果,就可以使用平移的动画功能。但在移动的同时,要遵循视觉上近大远小的规律,要对太阳进行放大,这就又用到了缩放功能。 可见,移动和缩放这两种功能的结合,在营造画面层次感,突出主体对象上有着重要的作用。 **3. 交互制作** **(1) 点击跳转** 本项目中的目录页若要实现点击按钮跳转至对应正文页面的功能,可以通过 DB 中的"页面变换"功能来完成。 在"下一章"按钮上新建一个透明的矩形作为按钮,选中该矩形作为触发,新建动作事件,弹出动作窗口(如下图所示)。	

续　表

序号	关键步骤	实　施　要　点	注意事项
4	电子书制作	在触发类型中选择"单击",在"动作对象"中选择"页面",在"动作列表"中选择"页面转换",在"属性"中选择目标页面(如下图所示)。 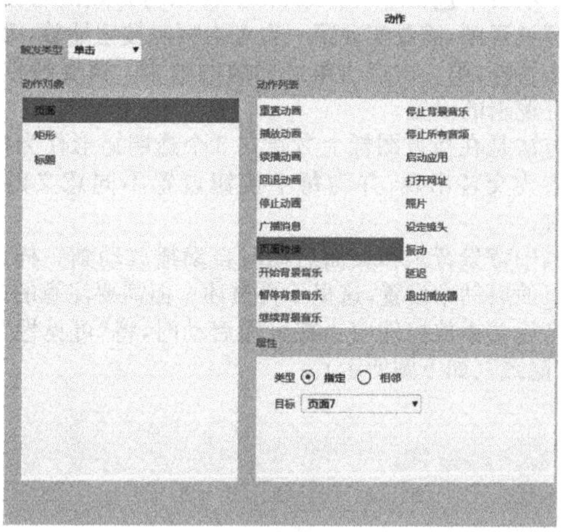 　　除了目录页中的跳转,还有点击返回等功能,也是通过以上的类似操作实现跨页面跳转的。 　　**(2) 动画触发** 　　本项目中大多数的动画是在页面启动时就自动播放的,这样的动作发生不需要特定对象来触发,只需在页面启动中添加动作事件即可。 　　方法是单击该页面空白处,在没有选定任何素材对象的状态下,新建动作事件,弹出动作窗口。在"动作对象"中选择"页面","动作列表"中选择"播放动画",在"属性"中选择该动画目标。这样页面启动事件就设置好了(如下图所示)。 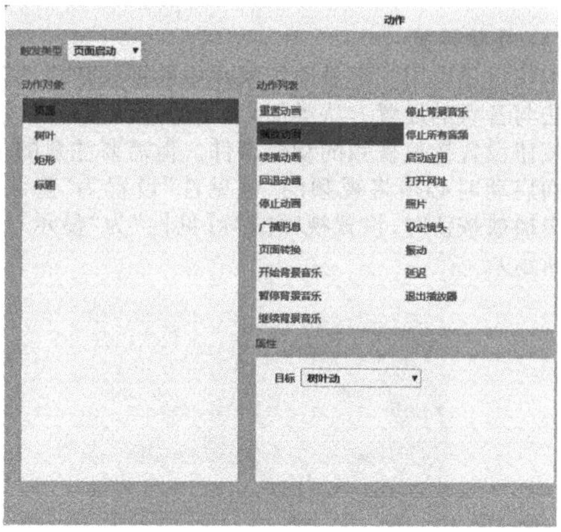	

续表

序号	关键步骤	实施要点	注意事项
4	电子书制作	对于一些需要点击按钮才能播放的动画，则需要设定一个触发按钮，选中按钮后新建动作事件。 (3) 音频设置 本项目中包含解说音频、背景音乐与音效的音频。对于解说音频，需要实现第一次点击喇叭按钮播放，第二次点击暂停，第三次点击继续播放的效果。这要特别注意交互逻辑的设置。 方法是在播放图标上方建立 3 个透明矩形作为按钮，设置为交替出现，并为每个按钮设置不同意义的动作事件。 其中背景音乐和页面启动时自动播放动画一样，需要在页面启动中设置，这里不再赘述。但需要注意的是，背景音乐的播放控件应当在页面启动时，将"可见性"设置为"隐藏"（如下图所示）。 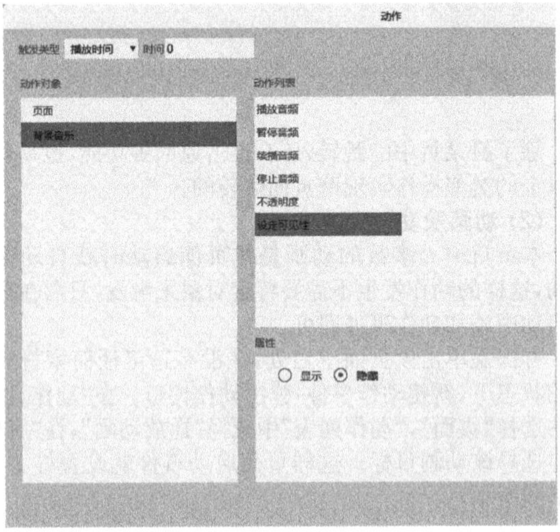 (4) 视频设置 本项目还引用了部分原纪录片中的视频片段，其设置方法与音频的设置方法类似，也是通过创建触发按钮并为按钮设置播放视频的动作事件。但需要注意的是，在页面启动时必须将视频的"可见性"设置为"隐藏"；在点击播放按钮时，设置视频的"可见性"为"显示"（如下图所示）。 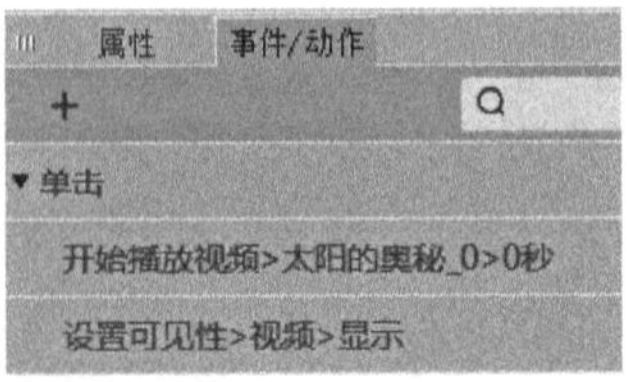	

续 表

序号	关键步骤	实 施 要 点	注意事项
4	电子书制作	**(5) 弹窗的触发** 本项目可以通过弹窗弹出的方式,来呈现例如点击关键字,而弹出相应的知识点等效果(如下图所示)。 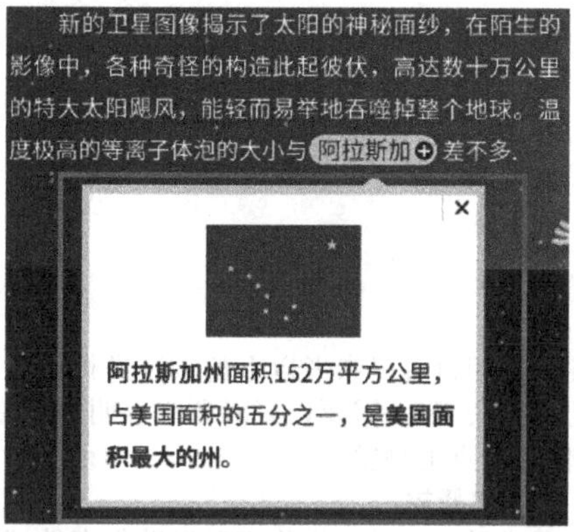 我们可以把弹窗弹出看作是动画触发事件中的一种比较常见的类型。方法是首先以整个弹窗为对象,设置好弹出的动画,并将其命名为"点击弹出"。 然后在需要点击的关键字上新建一个透明的矩形,并将其作为按钮,选中该矩形作为触发,新建动作事件,弹出动作窗口。在"动作对象"中选择"页面",在"动作列表"中选择"播放动画",在"属性"中选择需要播放的"点击弹出"的动画(如下图所示)。这样,我们就可以通过点击关键字上的透明矩形打开弹窗了。 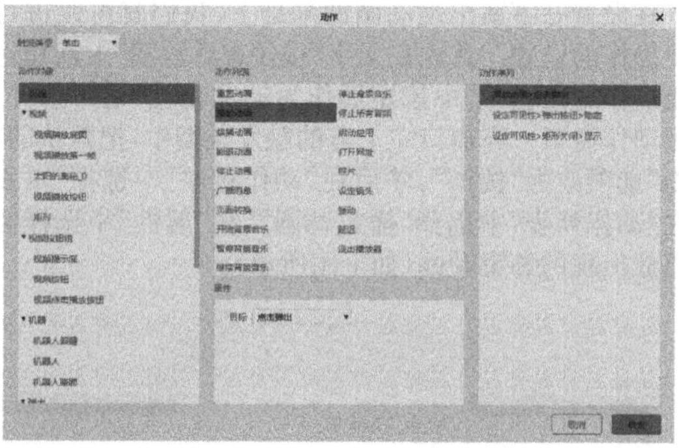 当我们点开弹窗后,原来的透明矩形按钮就需要消失,否则会导致重复弹出的问题。因此,我们还需要选中该矩形作为触发,新建动作事件,弹出动作窗口。在"动作对象"中找到这个按钮的名称,在"动作列表"中选择"设定可见性",在"属性"中选择"隐藏"(如下图所示)。这样弹窗打开后,原来的透明矩形也就无法点击了。	

续表

序号	关键步骤	实施要点	注意事项
4	电子书制作	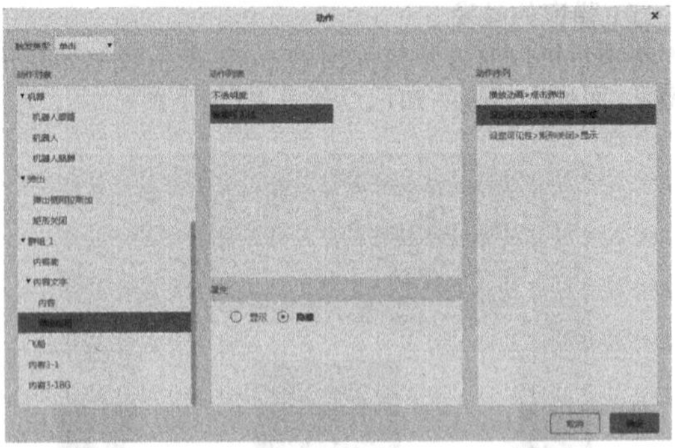 弹窗的关闭也可以参考以上的方法进行设置，但不能忘记当弹窗关闭后，需要恢复对原来透明矩形按钮的显示，以便再次点击触发。 **(6) 按压和释放** 除了最常见的以单击操作来触发动作事件，还可以通过按压和释放的操作来增强电子书的互动性和趣味性。现以下图中的按住查看答案来释放答案消失的动作事件为例进行设置方法的介绍。 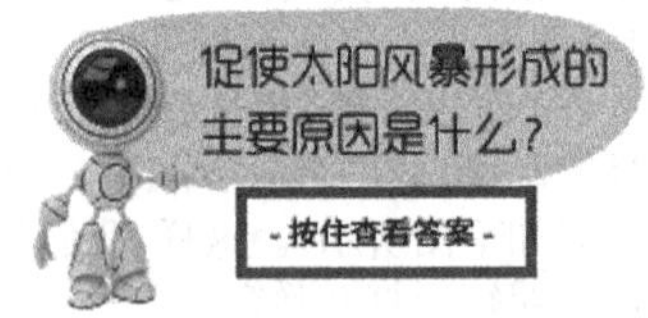 在设置好答案出现动画的基础上，我们就可以进行按压操作的设置。首先在文字"按住查看答案"上新建透明矩形作为按钮，选中该矩形作为触发，新建动作事件，弹出动作窗口。在窗口左上方的触发类型中，把默认的"单击"选项改为"按压"，然后在"动作对象"中选择"页面"，在"动作列表"中选择"播放动画"，在"属性"中选择需要播放出现的答案动画（如下图所示）。 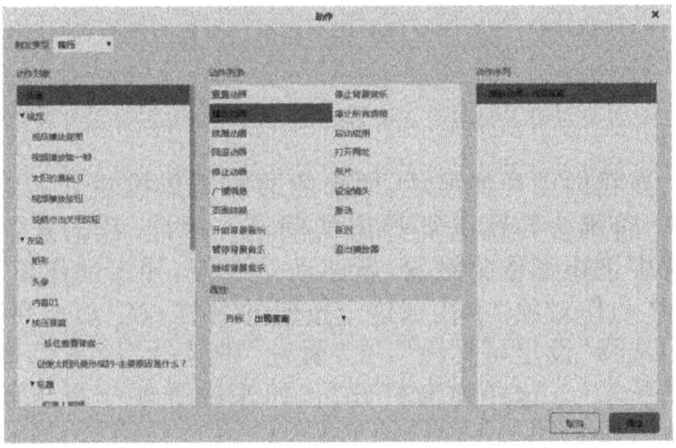	

90

续表

序号	关键步骤	实 施 要 点	注意事项
4	电子书制作	释放后答案消失的动画和上面的操作方法类似,重点步骤是在动作窗口中把触发类型的"单击"选项改为"释放"即可。	
5	审核修订	DB电子书制作完成后,还需进行仔细地审核。包括检查内容是否按照脚本框架呈现,文字和图片元素是否有错漏,动画部分是否流畅,交互的反馈是否准确等。经修改确认无误后,才能交付。	

(三)实训任务

严格按照实训要求中的标准和规范,并参照实训案例中的操作步骤,完成下面的实训任务。

1. 任务内容

参照《太阳的奥秘》电子书脚本的框架内容,使用相应的图片、文本、音频素材制作电子书,最终电子书的输出形式为 dbz 格式。

2. 任务素材

在开始实训任务前,由任课教师提供相关素材。

素 材 类 型	包 含 内 容
电子书框架	《太阳的奥秘》电子书脚本
素材包	《太阳的奥秘》纪录片

3. 成品欣赏

完成实训任务后可向任课教师索要成品视频,欣赏此任务对应的项目成品效果。

(四)实训评价

根据下方评价标准,对自己的实训成果进行打分,每项 10 分,总分 100 分。

序号	评价内容	评 价 标 准	分数
1	平面设计	整体设计是否突出科普杂志的特点	
2		绘制的图片素材是否清晰、准确	

续表

序号	评价内容	评价标准	分数
3	平面设计	使用的平面元素是否与页面内容相匹配	
4		画面排版布局是否美观、协调	
5	电子书设计	电子书框架顺序是否完整、分明	
6		使用的音视频素材是否与页面内容相匹配	
7		动画演示、模拟展示部分的动画是否准确无误	
8		页面视觉效果能否主次分明、重点突出地呈现知识	
9		背景音乐、音效等是否符合本项目的风格	
10		成品是否运行流畅不卡顿	
	总体评价		

(五)实训总结

遇到的问题 列举在实训任务中所遇到的问题,最多不超过3个
解决的办法 实训过程中针对上述问题,所采取的解决办法
个人心得 项目实训过程中所获得的知识、技能或经验

案例 8

儿童诗画绘本电子书项目

一、项目介绍

(一) 项目描述

某出版社需要将儿童诗画绘本《森林的孩子》制作成交互的多媒体电子书,并希望电子书能在展示精美手绘线条画的同时,配以听、画、录音等交互操作,让读者随时随地享受音乐和优美诗歌的熏陶,以达到启蒙儿童文艺审美,享受美好亲子读诗时光的效果。

(二) 基本要求

电子书整体风格要体现儿童绘本读物浪漫、活泼、童趣的特点,同时也要突出电子书自身画面精美、音效丰富和交互多样的动感优势。根据客户提供的内容,成品电子书包括封面、前言、目录、章首页、内容和封底六大模块,最终输出为Diibee软件的dbz格式,输出尺寸为1 080×1 920像素,方向竖向,支持在移动端设备播放。

(三) 作品形式

根据客户项目需求,产品为用Diibee软件制作的电子书,大体形式如下:将客户提供的文字、诗文、手绘图片排版成册,并为每一篇诗文设置画芯(插画涂鸦)、呢喃(听诗)、树洞(录音与播放)、格物(跳转至周边商品微店页面)等交互环节。

二、项目实训

基于上述出版社真实的电子书项目需求,归纳实施过程中的标准规范,对其中典型的课程设计对应的实训活动。

(一) 实训要求

1. 制作要求

(1) 总体要求

本项目属于儿童绘本类出版物,在项目实施中应注重行业特色。

本项目需要严格遵循电子书框架逻辑,依照内容分层次设计对应页面及下属界面。

由于本项目成果面向的对象是儿童及家长,因此在平面设计、动画效果制作和交互设计过程中需要做到简单易操作,便于读者的使用。

(2) 平面设计要求

根据排版规则,对客户提供的图片、文字等各元素合理布局和美化,整体呈现出童趣、浪漫、活泼的风格。

除客户提供图片以外,部分素材、交互按钮需自行绘制,但需注意配色、风格等要与客户素材保持和谐统一。

交互按钮要含义明确,大小适中,位置醒目,以方便读者查看与辨认。

(3) 电子书制作要求

电子书包含封面、前言、目录、章首页、内容和封底六大模块,需严格按照此框架顺序制作。具体框架如下表所示。

页面	页面要求
封面	具象化森林场景,强化"森林的孩子"这一概念
目录页	目录页分为两部分:一是查找并跳转页;二是查看全书诗篇目录
前言页	前言里涉及诗歌的部分设置音频播放功能
章首页	秋天的森林场景
内容页	内容插画全部做成静帧动画,内容页下分几个子页面:插画图片上色、听诗功能、读诗录音功能、跳转特定界面功能
封底	森林场景

标题和正文内容需准确无误,避免出现内容不匹配的情况。

线条插画在数字端呈现较为单调,为了让页面能够"活"起来,在短时间内抓住读者的眼球,插画中的部分元素需要制作动画效果。

动态效果和交互效果需多样化,但注意相似操作需要保持一致,避免观看者产生视觉和体验上的杂乱感。

(4) 其他要求

此项目中所需的平面元素如来自网络搜集,应尽量选择免费版权的元素。

实训过程中,需要各位同学互相配合完成的任务,同学们可自行结成任务小组并推出组长,各同学通力合作共同完成实训任务。需要各位同学独立完成的,则要严格要求自行独立完成,不可进行抄袭、借用等行为。

各位学生需在规定课堂时间内完成实训任务,规定时间完不成的则自行在课外完成,并最终在规定时间内提交实训作品。

2. 技术规范

(1) 源文件规范

平面大小:1 080×1 920 像素,分辨率不高于 72 像素。

平面保存格式：psd 格式。

电子书分辨率：1 080×1 920 像素，方向竖向。

电子书保存格式：dbz 格式。

(2) 平面制作规范

1) 基本要求

文字内容需与客户提供素材一致，保证绝对的准确性，切勿出现错别字的情况。

2) 文字样式

封面页标题可自行设计，但要紧扣和突出项目的森林主题和童趣、灵动的风格。

目录页篇章名字体为江城斜宋体，诗篇名字体为方正清刻本悦宋简体，大小可根据页面内容调整。

前言页正文字体为汉仪中楷简体，诗篇字体为宋体，字体大小可根据页面内容调整，颜色也可根据主题选择。

章首页字体为江城斜宋体，字体大小要根据页面内容调整。

内容页标题栏字体为思源宋体，需根据页面颜色进行纹理填充，字体大小可根据页面内容调整。

内容页诗文统一采用竖排的形式，阅读方向从右至左。字体为汉仪楷体，所有诗文的行间距与字距要保持统一，字体大小可根据页面内容调整，颜色也可根据主题选择。

3) 素材设计要求

所有页面需在客户提供的原始背景和插画图片的基础上，绘制装饰元素进行美化。

绘制的素材造型、配色等要与绘本的整体风格和谐统一，能有效服务于绘本的思想和情感主题。

对内容页中实现子页面跳转功能的引导按钮需要设计对应的点击图标。

对内容页中子页面需要设计相应的背景，不同诗文的这三个子页面背景可以通用。

要设计有辨识度、含义明确的交互按钮，如音频播放按钮、提示滑动按钮、提示功能按钮、退出按钮、录音按钮等。

4) 排版布局要求

整体排版需保持统一风格，避免出现风格杂乱的情况。

内容页的排版顺序需与提供的目录顺序对应，切勿出现缺少内容或内容顺序错误的情况。

所有内容页的诗文与插图的布局方式要始终保持固定。

各内容页中负责子页面跳转的引导按钮需保证固定位置，不要出现位置错乱的情况。

(3) 电子书制作规范

1) 音频处理要求

诗文音频素材客户已提供，背景音乐素材可参考已提供的素材，也可自行选择其他合适的素材。

对于电子书中的交互操作,需要适当增加合适的音效,可参考已提供的素材,也可自行选择其他合适的素材。

2) 交互呈现要求

以"左右滑动"的方式,实现"封面页、目录页、章首页、内容页、封底"几个同级页面之间的切换。

以"点击—页面跳转"的方式,设置"目录页、内容页"下级页面的切换。

参照客户提供的插画,将图片素材排版在对应背景图片上,并设置速度、节奏合适的动画,如《渡》中人物可以轻轻摇动船桨,《别》中雪花和树叶可以不断下落,等等。

根据框架中的交互设计思路为不同模块设计相应的交互动作事件,并将选定的音频与音效素材,设置在对应的页面及交互点上。

需留意各个按钮功能是否有效,避免出现点击无反馈的状态。

(二) 实训案例

1. 案例脚本

《森林的孩子》电子书总体设计框架

一、总体思路

由于内容存在实时更新,模板化制作是最合适的选择。效果统一、制作效率够快,能保证内容快速迭代。

二、页面内容交互设计

1. 封面

设计封面,具象化森林场景

例如幽深静谧的森林,点点萤火,森林的伙伴(诗里提到的动物)在场景内奔跑,嬉戏,插画角色同屏出现,强化"森林的孩子"概念。

2. 目录

设置按钮"一叶",延续公众号的数字查诗功能,可输入 0~143 的数字,直接跳转对应诗篇;

设置按钮"世界",点击后查看全书诗篇目录。

3. 前言

前言里涉及诗的部分设置音频播放功能。

4. 章首页

以春、夏、秋、冬的季节分类共四页,构建同一森林场景的四季作为区分,点击单字诗名后,先出现 1~2 句"解字部分"的精华,再跳转到对应的诗篇内容,这里只做秋的部分。

5. 内容页

线条插画与内容在数字端呈现较为单调,为了让页面能够"活"起来,内容插画全部做成静帧动画。如《春》里的秋千轻微的荡起来,《幻》里的树叶轻微飘动,水母吐着泡泡凑过来。

功能点设计:画芯

插画图片上色,现有两种形式待选定:一种是自定义描绘,预设几种颜色供用户点选后上色;另一种是预设上色画稿,涂抹线稿后出现颜色。

功能点设计:呢喃

听诗功能,音频来源:小宝和小宝爸,或者外部配音师。

续 表

《森林的孩子》电子书总体设计框架
功能点设计：树洞 读诗功能，设置录音与播放录音按钮。 功能点设计：格物 页面内突出显示此按钮，点击后跳转至当前内容的周边商品微店页面。 6. 封底 陈述创作背景，产品价值；推广微信公众号与"森林的孩子"微店。
《森林的孩子》—秋内容框架

一、封面页
二、目录页
三、前言页
    1. 前言页 1   2. 前言页 2   3. 前言页 3   4. 前言页 4
四、章首页—秋
五、内容页
    1. 幻   2. 渡   3. 歌   4. 逢   5. 变
    6. 洲   7. 诺   8. 葵   9. 落   10. 别
六、封底页

2. 实施步骤

序号	关键步骤	实 施 要 点	注意事项
1	框架研读	**1. 浏览制作信息，明确制作要求** 阅读《森林的孩子》交互电子书设计框架和《森林的孩子—秋》内容框架，了解完整项目中，整本电子书的内容、逻辑结构、动画音频等的大致交互需求，并且明确本次实训任务只做《秋》的部分。 **2. 浏览画面说明，明确平面素材** 阅读电子书设计框架、内容框架和制作规范，明确需要自行绘制和设计的部分。在本项目的实训任务中，需要在客户给定的图片素材的基础上进行美化，需要为涉及交互操作的部分设计交互按钮，需要对各版面进行版式的设计。 **3. 浏览动画说明，明确动画功能** 阅读电子书设计框架，了解需要制作的动画除了一般动画形式，还包括静帧动画，并明确实现动画所需的平面元素、顺序和需要呈现的效果。 **4. 浏览交互说明，明确交互功能** 阅读框架中的页面效果说明，明确交互的触发时机、触发条件和响应动作等。	

续表

序号	关键步骤	实 施 要 点	注意事项
2	素材制作	根据电子书设计框架、内容框架和制作规范的研读结果,明确素材的获取渠道,是可通过搜索获得还是需要自己绘制。 对于封面上的书名,需要结合整体风格自行设计。 对于客户已给定背景的页面,如封面页、封底页、目录页、章首页等,可为其适当增加装饰元素,这些可以通过寻找网络元素加以修改使用。 对于内容页的图文部分,因插画已由客户提供,除了适当增加装饰元素外无须多做处理。对于内容页中的子页面,需要为其设计贴合森林主题的背景,可在客户给定的素材中选择合适的加工后获得,以便保持整体风格的一致性。 在图标和交互按钮的设计上,可以在以往的项目中寻找是否有可直接调用或加以修改使用的元素。图标和按钮需要有高辨识度,避免产生使用困难。	
3	平面设计	平面设计师在 Photoshop 软件中对各页面进行排版,以便后期在 DB 中能够更快、更顺利地进行操作。 **1. 整体版式的风格** 根据项目制作要求,确定主题颜色和版式风格。结合项目的主题名称《森林的孩子》和客户给定的材料,在颜色上可以选择"森林绿"和"树木棕"作为整本电子书的基调色。在版式设计上要尽量遵循儿童绘本的一般设计原则:精美、活泼、有童趣。 根据项目制作要求,页面尺寸为 1 080×1 920 像素,版式为适合移动端播放的竖版。 **2. 单页图文的设计与排版** 封面页的设计需要具有一定的视觉冲击力。结合客户已经提供的背景和人物等素材,进行标题与元素的设计,和谐地呈现和表达绘本的内容和思想。例如,元素设计上可以为幽深静谧的森林背景设计点点萤火,以增加悦动感。还可以设计诗文中提到的森林中的植物、动物,以唤起读者的初心与童趣。下图元素仅供参考。 封底页的风格与封面保持统一,但不需要展示过多的图片。	1. 设计好的平面图片素材尺寸长与宽不得超过 2 048 px,否则将无法导入 DB 软件。 2. 在Photoshop 软件中排版时,单页内容需控制在 2 M 以内,整本书内容尽可能控制在 300 M 以内,这样在制作电子书时,才能在保证清晰度的同时获得较好的用户体验。

续表

序号	关键步骤	实施要点	注意事项
3	平面设计	由于每篇诗文的标题只有1个字,因此在目录页的设计上设计师可以打破传统的自上而下的排列规则,发挥自己的创意进行排版。 前言页无须过多点缀,但所包含的介绍性文字与诗文两种体裁,可以通过不同的字体样式对两种性质的文字加以区别。 章首页的设计方式可参考封面页,但要突出本章内容"秋"的特点,因此可适当增加秋天特有的元素,如黄叶等。下图元素仅供参考。 内容页的主体是诗文与插画,在排版上需要遵循基本的排版规则,并以模板化的形式进行排版,保持各内容页之间样式的统一。这样可以减轻读者的阅读负担。 根据制作要求,需对文字进行竖排,阅读方向设置为从左至右的顺序。由于诗文较长,可以将文字做成长图,后期在DB中以子页面滚动或拖拽的形式呈现诗文。 在原始插画的基础上,设计部分元素以丰满画面内容、增加画面层次感,但元素的内容要贴合诗文的主题,色彩清新、造型简约,以免对黑白线条插画产生喧宾夺主的效果。对于后期在DB中需要产生动态效果的元素,则要将其拆分并单独保存为PNG格式的图片(如下图所示)。 设计内容页中子页面的图标与背景时,注意需要体现其特色与童话意境。最后合理编排图文与交互按钮的位置关系。下图仅供参考。	

续 表

序号	关键步骤	实 施 要 点	注意事项
3	平面设计		
4	电子书制作	**1. 素材编排** **(1) 图片切图** 呈现设计师在 Photoshop 软件中，对设计稿利用切片功能进行切图，把各元素存储为背景透明的 PNG 格式，以便在 DB 软件中呈现更多的动画和交互效果。 超长或超宽的图则需要将图片切成若干份后，后期在 DB 软件中以子页面的方式进行拼接。单张切图的尺寸长与宽不得超过 2 048 px；需要拼接的子页面其总长度或总宽度应尽量控制在 15 000 px 之内，否则可能会出现卡顿现象。 **(2) 新建普通页面** 在 DB 中，新建 1 080×1 920 像素的纵向画布，进行二次排版。对于一般页面，只需新建空白页面即可。 **(3) 新建子页面** 对于包含长图的页面需要另外新建页面，并按照长图的尺寸更改页面大小，放置好长图。然后在主页面中新建子页面，将包含长图的页面作为子页面引用到主页面上，选择滚动或拖拽效果实现长图的预览。 **(4) 导入素材** 页面建立完成后，即可参考制作好的平面稿件，将图片素材导入，进行二次排版。对于普通图片，只需点击工具栏中的"图片"按钮，即可导入；对于音效、背景音乐、朗诵配音等音频文件，则可以选择工具栏中的音频按钮导入。由于导入的素材数量繁多，因此应当对素材进行细致地命名和分组，以便在动画制作和交互制作时能快速定位。	1. 平面设计中的呈现效果并非最终效果。在 DB 中制作电子书时，还需根据实际情况，考虑动画、交互等对页面体验产生的影响。所以在制作过程中需要通过预览功能，反复修改和调整。 2. 本次实训任务并没有对动画效果作出特别具体的要求，这就需要呈现设计师充分发挥自己的创意，使页面视觉效果更为生动、丰富，这也是电子书是否能够让读者眼前一亮，过目难忘的关键。

续 表

序号	关键步骤	实 施 要 点	注意事项
4	电子书制作	**2. 动画制作** 在本次实训任务中,为了使相对单调的线条插画生动起来,还需要制作一些静帧动画,如衣服轻轻飘动的效果、光影的变化效果等。静帧动画的实施可以通过动画软件与 DB 组合实现。首先在动画软件中制作逐帧动画,导出序列帧(如下图所示)。 然后,通过工具栏中的"序列动画"按钮,将多张图片批量导入 DB 软件中即可。 其他动画效果则可以使用 DB 软件中自带的缩放、平移、旋转的变换和透明度变换的动画效果来完成。例如,萤火点点的动画特效可以通过在时间轴上控制萤火虫与光源的不透明度变化来实现。一些复杂的动画效果则需通过对以上的动画进行组合来实现,例如某些按钮的闪烁效果。最后,不能忘记根据呈现的需要为动画设置循环播放效果。 **3. 交互制作** **(1) 点击跳转** 本项目中的目录页需要实现点击诗文名称,跳转至该诗文正文页面的功能。这可以通过 DB 中"页面变换"的功能实现。 以诗文《别》为例,制作方法是:在目录文字上找到标题"别"的位置,在上面新建一个透明的矩形作为按钮,选中该矩形作为触发,新建动作事件,弹出动作窗口。在触发类型中选择"单击",在"动作对象"中选择"页面",在"动作列表"中选择"页面转换",在"属性"中选择目标页面。 当然,除了目录页中的跳转,还有点击返回等功能,也是通过以上的类似操作实现跨页面跳转的。 **(2) 动画触发** 本项目中大多数的动画(如封面中的动画),是在页面启动时就自动播放的,这样的动作发生没有特定对象来触发,可以通过在页面启动中添加动作事件来实现。 制作方法是:单击该页面空白处,在没有选定任何素材对象的状态下,新建动作事件,弹出动作窗口。在"动作对象"中选择"页面",在"动作列表"中选择"播放动画",在"属性"中选择该动画目标。这样页面启动事件就设置好了。 对于一些需要点击按钮才能播放的动画,则需要设定一个触发按钮,选中按钮后新建动作事件,后续操作方法和上面是类似的。	

续　表

序号	关键步骤	实 施 要 点	注意事项
4	电子书制作	**(3) 音频设置** 本项目中包含背景音乐与诗文朗读等音频。其中背景音乐和页面启动时自动播放动画一样，需要在页面启动中设置，这里不再赘述。但需要注意的是，背景音乐的播放控件应当在页面启动时，将"可见性"设置为"隐藏"。 对于其他需要依靠播放按钮来触发的音频，如果涉及多次点击操作内容不同时，则需要特别注意交互逻辑的设置。例如，第一次单击按钮播放音频，第二次单击同一按钮暂停音频，第三次单击再继续播放。这可以在播放图标上方建立 3 个透明矩形作为按钮，设置为交替出现，并为每个按钮设置不同意义的动作事件。 **(4) 绘画设置** 本项目的内容页中，子页面"画芯"中需要设置为插画涂鸦上色的功能，这里需要依靠 DB 中的 JavaScript 代码特效实现。 首先在 DB 中将绘画页所有的素材排序和组群化，设置方法可参考下图。 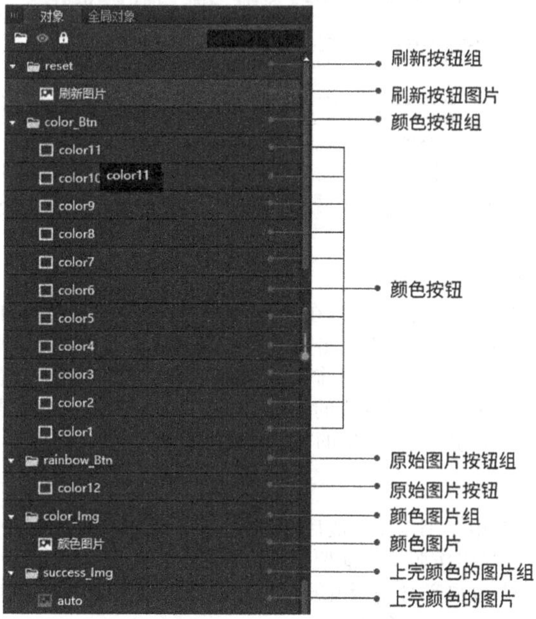 然后在代码编辑器中编辑画画功能的脚本，参考下图代码，按实际情况进行参数的替换。 其中 SceneById 为对应内容页的名称，只能由英文、数字和符号组成；colors 为 RGB 参数；brushRad 是画画线条的粗细值；canvasX、Y 为画画展示区域的轴心点 X、Y 坐标；canvasWidth、Height 为画画展示区域的宽度、长度。 最后将脚本添加至 DB 中预览画面效果。	

续 表

序号	关键步骤	实 施 要 点	注意事项
| 4 | 电子书制作 | ```js
var scene = document.getSceneById("2");
var drawImage = scene.getSceneObjectById("blank");
var rainbowBtn = scene.getSceneObjectById("rainbow_Btn");
var colorBtnsGrp = scene.getSceneObjectById("color_Btn");
var coloredImg = scene.getSceneObjectById("auto");
var replay = scene.getSceneObjectById("reset");

var colors =
[
    [1, 0, 0, 1],
    [253/255, 220/255, 10/255, 1],
    [166/255, 207/255, 75/255, 1],
    [0/255, 193/255, 255/255, 1],
    [255/255, 91/255, 184/255, 1],
    [255/255, 255/255, 255/255, 1],
    [255/255, 143/255, 0/255, 1],
    [255/255, 200/255, 140/255, 1],
    [0/255, 145/255, 61/255, 1],
    [29/255, 59/255, 187/255, 1],
    [131/255, 68/255, 16/255, 1]
];


scene.addEventListener("Scene Start", onSceneStart);
scene.addEventListener("Press", onPress);
scene.addEventListener("Release", onRelease);
scene.addEventListener("Move", onMove);
scene.addEventListener("Scene Stop", onSceneStop);

rainbowBtn.addEventListener("Tap", onRainbow);
replay.addEventListener("Tap", reset);

var colorBtn = colorBtnsGrp.getChildren();
var color = null;
var brushRad = 10;
var canvasX = 0;
var canvasY = 0;
var canvasWidth = 1024;
var canvasHeight = 768;
```<br>**(5) 录音设置**<br>本项目的内容页中,在子页面"树洞"中要设置录音功能,只需要在工具栏中右击"音频"按钮,选择"录音"按钮,则录音功能就可添加到当前页面上。然后在录音按钮上设置动作事件为"录音"对象的"开始录制",在播放按钮上设置动作事件为"录音"对象的"播放音频"即可。 | |
| 5 | 审核修订 | DB电子书制作完成后,还需进行仔细地审核。包括检查是否严格按照绘本框架呈现内容,文字和图片元素是否有错漏,动画部分是否流畅,交互的反馈是否准确等。经修改确认无误后,才能交付。 | |

(三) 实训任务

严格按照实训要求中的标准和规范,并参照实训案例中的操作步骤,完成下面的实训任务。
```

1. 任务内容

参照《森林的孩子—秋》的框架内容,使用相应的图片、文本、音频素材,制作该内容,最终输出成 dbz 格式的电子书。

2. 任务素材

在开始实训任务前,由任课教师提供相关素材。

素材类型	包含内容
电子书框架	《森林的孩子》交互电子书设计框架 《森林的孩子—秋》内容框架(参考)
素材包	图片、文本、音频

3. 成品欣赏

完成实训任务后可向任课教师索要成品视频,欣赏此任务对应的项目成品效果。

(四) 实训评价

根据下方评价标准,给自己的实训成果进行打分,每项 10 分,总分 100 分。

序号	评价内容	评价标准	分数
1	平面设计	整体设计是否突出儿童诗画绘本的特点	
2		标题、图片、元素等的风格是否一致	
3		按钮、标识的设计是否有高辨识度	
4		画面排版布局是否合理美观	
5	电子书设计	电子书框架顺序是否完整、准确	
6		页面视觉效果是否灵活多变且无破绽	
7		交互是否逻辑清晰、简单易操作	
8		导航、播放、录音、绘画等功能是否有效、稳定	
9		背景音乐、音效等是否符合本项目的风格	
10		成品是否运行流畅不卡顿	
总体评价			

(五) 实训总结

遇到的问题 列举在实训任务中所遇到的问题,最多不超过 3 个
解决的办法 实训过程中针对上述问题,所采取的解决办法
个人心得 项目实训过程中所获得的知识、技能或经验

案例 9

企业绩效改革宣传 HTML5 项目

一、项目介绍

（一）项目描述

某金融科技企业为了宣传公司的新绩效改革成效,拟计划推出一个有创意、有特色的绩效改革宣传 HTML5 作品。客户要求采用皮影戏的风格形式,以西游记中的故事作为基本主题背景,借助西游记中的经典回目巧妙阐述绩效改革的亮点,最终制作成融合皮影戏风格与西游记故事的 HTML5 作品(如下图所示)。

（二）基本要求

动画整体风格生动有趣,符合皮影戏动画的基本特点。交互动画能够在手机端 web 播放,滑动翻页,页面数量在 5~15 页之间。由于实际项目文件最终要发布于微信,因此在本次实训项目中,输出尺寸为 750×1 206 像素,最终输出格式为 HTML5 资源包即可。

（三）作品形式

以《西游记》中唐僧师徒四人西天取经过程中遇到的故事为背景,介绍新绩效系统改革的推广活动,并通过简单的页面 UI 交互,测试员工对于新绩效系统的理解程度。

二、项目实训

基于上述企业真实的 HTML5 项目需求,归纳实施过程中的标准规范,挑选其中典型的课程设计对应的实训活动。

(一) 实训要求

1. 制作要求

(1) 总体要求

本项目属于金融行业的培训类宣传项目,在项目实施中需要注意行业特色。

由于本项目成果受众主要为中青年员工,因此平面设计和动画制作风格需要符合该年龄段员工的喜好和习惯。

为了达到让人眼前一亮的宣传效果,在脚本未明确规定的地方,需要设计师发挥一定的创意。

(2) 平面设计要求

整体风格采用中国风,其中人物形象以皮影人的形式呈现。

场景设计要有中国古典绘画的美感,且与皮影戏风格要有较好的融合度。

场景内其他元素具体根据脚本要求选择,力求搭配美观不突兀。

各功能控件的大小、颜色要稍微醒目一些,以方便使用者操作。

(3) 动画设计要求

整体的动画设计要符合宣传片的要求,风格生动、活泼,富有创意和节奏感。

动画中主要角色的动作要符合皮影运动的特点。

动画需要加上合适的音乐与音效,以增强感染力和趣味性。

(4) 交互开发要求

交互触发的方式应尽量简单,便于手机端操作,推荐使用点击、滑动等触发方式,不宜使用双击、长按、敲击等触发方式。

(5) 其他要求

各平面、音频等元素片段如来自网络搜集,应尽量选择免费版权的,如遇版权不明的,则需及时记录下来。

实训过程中,需要各位同学互相配合完成的任务,同学们可自行结成任务小组并推出组长,各同学通力合作共同完成实训任务。需要各位同学独立完成的,则要严格要求自行独立完成,不可进行抄袭、借用等行为。

各位学生需在规定课堂时间内完成实训任务,规定时间完不成的则自行在课外完成,并最终在规定时间内提交实训作品。

2. 技术规范

(1) 源文件规范

动画尺寸(制作):750×1 206 像素(竖版),24 帧/秒。

每一页面的动画单独保存为一个源文件,页面数量在 8~20 页之间。

声音设置:MP3 格式、比特率为 128 kbps、最佳品质。

动画放在同一图层,动画层最多不超过2层。

(2) 平面制作规范

1) 基本要求

为了后期动画呈现时的流畅,所有图片应尽量少用矢量图,多用位图。

2) 人物设计制作

人物角色按照皮影戏的风格绘制。头身比约为4~5头身,线条流畅、圆润,有半透明感。

颜色可采用传统皮影戏中常用色彩,如红、黑、绿、橘、黄这几种色纯度、透明度较高的颜色。

在人物形象设计细节上,需遵循传统皮影雕刻镂空的概念,做一些镂空设计。

角色的每个身体关节都要分图层,并在关节处连接起来。

3) 场景制作

场景设计要符合脚本制作需求,具有中国古典绘画的美感,可加入适量中国风的装饰元素。

元素造型、色彩等要与皮影人物风格保持和谐、统一。

4) 文字样式

封面文字、样式:金梅毛颜楷國際碼,繁体,样式见右图。

关键文字、样式:方正苏新诗古印宋或方正剪纸简体,字号与间距可根据画面内容作调整。

5) 文字底框制作

根据脚本要求,要为标题、关键字等加上中国风的底框并以此作为装饰如下图所示。样式可根据场景进行替换,风格需保持和谐、统一。

6) 排版布局制作

按照排版原则,画面排版要具有良好的美观性,且不能影响文字的阅读和识别。

页面控件按钮要醒目且有辨识度，以方便使用者的操作。

（3）动画制作规范

1）基本要求

设计动画效果时，尽量不要使用太多的嵌套，比如帧里面再嵌套其他帧。

尽量使用逐帧图片来代替相关滤镜特效以实现动画效果。

2）人物动画制作要求

人物运动要遵循皮影运动的特点，头部、四肢等关节灵活，动作夸张但不突兀。

皮影戏角色只有一个面，如要转身，可以直接翻转。

3）图文动画制作

图文效果需根据内容灵活选取，做到动画多样、流畅。

版面内图片和文字的动画效果需要注意层次感，能够突出重点。

4）背景音乐制作

选择与《西游记》情景贴切的背景音乐，以提高使用者的情境沉浸度。

音效要强烈突出，尤其是关键字出现时的音效，要能够吸引使用者注意力。

（4）交互制作规范

1）HTML5 逻辑说明

加载页设置简单加载动画（如下图所示）。

加载完成后，出现片头页，默认播放背景音乐。片头页面有音乐控件，点击可静音。上滑则继续翻页（如下图所示）。

其他点击触发等交互效果需根据脚本要求制作。

2）动画代码说明

① 文件夹命名

audio——音频

css——层叠样式

img——Animate CC 发布生成的切图

js——脚本库

page1~7——Animate CC 发布生成的各页面脚本

② 音频包含背景音乐、角色配音等。注意音频的命名。

③ 层叠样式包含 Animate.min.css 和 style.css，可从素材库中直接调用。

④ 脚本库包含 createjs、easeljs、jquery、loading、main 等 js 文件，可从素材库中调用。

⑤ 代码格式整齐，排版整齐，语句可读性强。

（二）实训案例

1. 案例脚本

动画标题	《大话西游绩一》		
应用类型	宣传片	资源格式	HTML5 交互动画
页面数量	7 页左右	动画风格	皮影戏风格
是否带字幕	否		
是否有背景音乐	有背景音乐（音效必须强烈突出）		
资源设计具体描述			
编号	界面呈现说明（图片仅供参考）	媒体（画面）效果	
1. 片头		片名：大话西游绩 作者：金融壹账通 HR 出品 片头中间是片名，最下方是唐僧师徒在走路，动画循环效果。整体画面发左图所示。 交互说明： 上滑出现下一页。 有音乐播放控件，默认播放背景音乐，点击静音。	

续表

资源设计具体描述		
编号	界面呈现说明（图片仅供参考）	媒体（画面）效果
2	【1】、【2】 系统操作太繁琐 绩效目标不会做 考评纬度太单一 不存在了！ 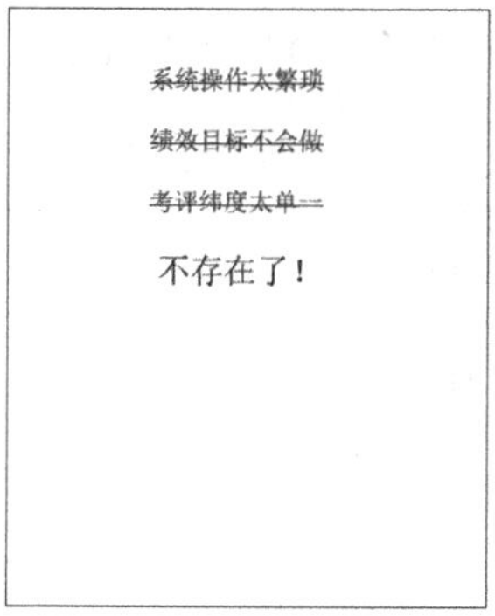	【1】页面依次出现三句话： "系统操作太繁琐" "绩效目标不会做" "考评纬度太单一" 【2】删除线划掉以上这三句话，页面出现"不存在了！"
	【3】～【6】 更简单 更方便 更温暖的 新绩效系统 来也！ What？！何方神器？ 	整体画面如左图所示。 【3】页面出现文字："更简单" "更方便" "更温暖的"。 【4】一朵祥云托着一本写着"新绩效系统"几个字的出现经书。 【5】页面出现文字："来也！" 【6】页面出现文字："What？！何方神器？" 整体画面如左图所示。
	【7】、【8】  竞争力UP 战略目标GET　新绩效系统　人才UP 跟随大圣起驾登程	【7】出现文字： "竞争力 UP" "战略目标 GET" "人才 UP" 【8】与此同时，出现孙悟空的形象，下方显现文字按钮"跟随大圣起驾登程"。整体画面如左图所示。 **交互说明：** 点击"跟随大圣起驾登程"，进入下一页

续 表

	资源设计具体描述	
编号	界面呈现说明(图片仅供参考)	媒体(画面)效果
3		【1】在类似舞台的背景上,出现标题"金融一账通新绩效改革推广"几个字。 【2】显示小标题"活动剧目"几个字。 【3】页面依次出现 "三打白骨精" "真假美猴王" "如来赐真经"几个故事名称。 整体画面如左图所示。 交互说明: 上滑出现下一页
4		【1】右侧出现竖排文字标题"第一回 三打白骨精"。 【2】出现小标题"打的就是你!"。 "一打繁冗流程" "二打笼统指标" "三打低效沟通" "活动预热:有奖竞赛之'绩效'朗眼 新系统'不吐不快'提案大赛"。 【3】同时出现孙悟空打白骨精的动画。 整体画面如左图所示。 交互说明: 上滑出现下一页
5	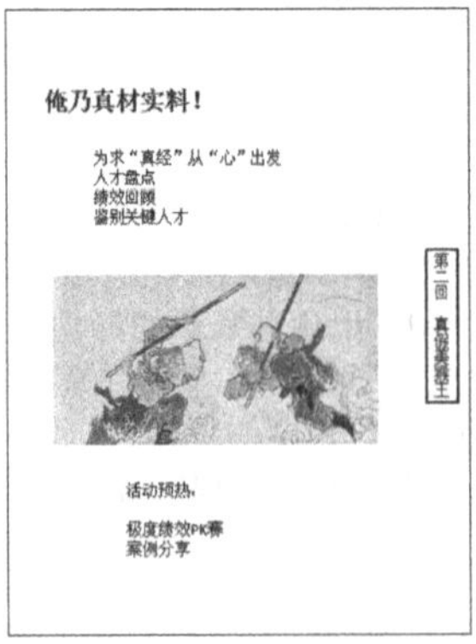	【1】页面右侧出现竖排文字标题"第二回 真假美猴王"。 【2】页面出现小标题"俺乃真材实料!" "为求'真经'从'心'出发" (人才盘点) (绩效回顾) "鉴别关键人才"及"活动预热:极度绩效PK赛案例分享"。 【3】页面同时出现真假孙悟空打斗的动画。 整体画面如左图所示。 交互说明: 上滑出现下一页

案例 9　企业绩效改革宣传 HTML5 项目

续　表

	资源设计具体描述	
编号	界面呈现说明(图片仅供参考)	媒体(画面)效果
6		【1】页面右侧出现竖排文字标题"第三回 如来赐真经"。 【2】页面出现小标题"'真经'不怕火烧!" "总经理室绩效宣导齐上阵" "财企人力千里追踪落实" "确保经营管理到位"以及"活动预热：各级绩效改革宣导会"。 【3】页面同时出现真经的动画。 整体画面如左图所示。 **交互说明：** 上滑出现下一页
7		在类似舞台的背景上(与 3 同)，出现文字"取经不怕行路难，绩效之魂永流传!" 整体画面如图所示。

2. 实施步骤

序号	关键步骤	实　施　要　点	注意事项
1	脚本研读	1. 浏览制作信息，明确制作要求 阅读脚本信息栏，注意项目背景、动画主题、动画风格、动画时长等信息。在《大话西游绩一》脚本中，明确提出动画背景为宣传片，动画整体为皮影戏风格，页面为 7 页左右。 2. 浏览画面说明，明确动画素材 阅读脚本演示说明中的画面说明，提炼出所需绘制的平面素材。在《大话西游绩一》脚本中，可总结出需要绘制孙悟空、猪八	

续 表

序号	关键步骤	实 施 要 点	注意事项
1	脚本研读	戒、沙和尚、唐僧、白龙马、白骨精、假美猴王、佛祖等角色,《新绩效系统》真经、祥云、舞台等场景元素,以及音乐控件按钮。 **3. 浏览交互说明,明确交互功能** 　　阅读脚本演示说明中的画面说明,明确动画交互的触发时机、触发条件、响应动作等。	
2	素材获取	针对脚本研读的结果,分析各种元素的获取渠道,从而确定哪些是可通过搜索获得哪些还要自己绘制。如背景、祥云、舞台等元素可以寻找网络元素加以修改使用,但要注意颜色、样式等需与皮影戏风格和谐统一,且要具有中国古典绘画的美感。而脚本中的皮影人物如果无法从以往的项目中调用修改,则需要自行绘制。	
3	角色设计	**1. 了解传统皮影戏造型的特点** 　　在角色设计时,需注意传统皮影戏造型的典型特点: 　　皮影戏中的角色一般不以正脸出现,而是以侧身五分脸或是七分脸的形象出现,因此绘制时需从侧面进行描绘。在表情处理上要遵循"要画愁,锁眉头;要画笑,嘴角翘;要画哭,眼挤住;要画躁,嘴角吊"的要诀。 　　皮影的头身比约为4～5头身,外轮廓往往呈流线型简洁处理。下图仅供参考。 　　皮影角色用色单纯洗练,一般仅用红、黑、绿、橘、黄这几种色纯度、透明度较高的品色渲染,通过色彩搭配表达角色的正邪与特点。 　　在服装设计中主要使用镂空、做旧的图案,以表现出雕刻之感。 **2. 人物关节部位的拆分** 　　为了后期动画制作的便利,在完成角色设计后,还需要在脖子、腰、肩、胳膊肘和膝盖等关节处进行拆分。在PS中,可以通过对各个身体部位分层处理来实现。	1. 考虑到在本项目中应尽可能使用位图,因此对角色设计适宜在PS软件中进行。 2. 绘制皮影戏角色的时候,最适合的上色方式是正片叠底,无论是色彩还是透明度上该方式都更接近传统皮影戏的质感。

续表

序号	关键步骤	实施要点	注意事项
4	场景设计	**1. 场景尺寸** 场景的尺寸一般根据 iPhone 6/7/8 的手机屏幕尺寸去掉导航栏和状态栏后得到，为 750×1 206 像素，分辨率为 72 px。 场景设计时需超出舞台一定高度，以便在后期呈现时兼容一些手机机型屏幕尺寸。 **2. 背景设计** 根据本项目皮影戏风格的要求，可以为场景设计淡色的、中式纹理的背景，并且为背景设置中间亮、四周暗的"暗角"效果，以强烈突出场景中的角色。下图背景仅供参考。 **3. 装饰元素** 根据脚本内容，可在场景中加入适量中国风的装饰元素，以呈现传统文化的美感，其造型、色彩等需要与人物风格保持一致。下图元素仅供参考。	脚本没有明确规定的地方，设计师可根据内容的需要，发挥创意，自行增添元素。
5	动画制作	在动画开发软件 Animate 中新建动画。每一页需单独建立一个文件，此动画中有 7 个页面，因此需要新建 7 个文件。 根据脚本中对各个页面的要求，在新建的文件中进行动画制作。这里需要注意的是，在传统的皮影戏中，操作者通过控制杆施力于角色关节，使角色做平面运动。在此项目中为了模拟皮影戏的操控感，让关节动作做到夸张但不突兀，适宜使用"骨骼工具"创建反向运动，来表现皮影角色的运动。	

续 表

序号	关键步骤	实 施 要 点	注意事项
5	动画制作	首先导入绘制好的皮影角色,判断其在角色关节需要运动的位置,将关节简化为连接点,按连接点切割好人物的各部分,每个部分转换为"影片剪辑"(如下图所示)。 放置好后选中所有元件,将其整体转换为"影片剪辑"。使用工具栏中的"骨骼工具",为头部、身体、手、脚等各个肢体部分创建骨骼。使用"骨骼工具"连接两个轴点时,要注意关节的活动部分,可配合"选择工具"和 Ctrl 键进行调整(下图仅供参考)。 最后在不同帧上调整角色的姿势,完成动画制作。 对于加载页面中的动画,可将皮影角色的简单动作(如孙悟空行走)制作成 GIF 动态图片,以便后期在交互开发时直接调用。	1. 在动画文档中,需要避免容量过大的图像,并且及时排除一些无用的图像资源。 2. 动画制作过程中,应尽量利用"元件"做重复动画,以防在后期加载中出现卡顿。 3. 由于皮影角色只有一个面,如果动画中要转身,则直接翻转即可。
6	交互开发	**1. 开发环境准备** 交互开发人员前期安装好 HTML5 开发软件 HBuilder,以及动画开发软件 Animate,并熟悉 Animate 软件的基本编辑功能。注意交互开发人员所安装的 Animate 软件版本号应不低于动画制作人员所使用的版本号。 **2. 交互素材准备** (1) 源文件处理 开发人员在 Animate 软件中新建支持 HTML5 Canvas 的文档。	

续 表

序号	关键步骤	实 施 要 点	注意事项
6	交互开发	在新建文档的库中建立元件,属性为"影片剪辑"。将第一页的动画源文件完全导入,并设置类链接 scene1(第二页设置为 scene2,以此类推)。设置好后发布文件,文件将自动输出生成 HTML5 文件,其包含该文件所对应的 html、js 文件和 images 切图文件夹。下图为第 1 页动画的输出文件。在之后的交互开发中,需要用到的是切图文件夹和 js 文件。 以此方式对所有动画源文件完成 HTML5 输出,并对所有图片资源文件按照页面编号进行整理,包括加载缓冲图片、交互动画图片、播放控件图片等,最终放置在"img"文件夹中。 (2) 其他素材准备 audio 文件夹为交互响应所需的音效。css 文件夹存放了层叠样式。js 文件夹存放交互代码开发 js 源文件。 (3) 新建呈现页面 在 HBuilder 软件中新建 index.html 文件,并将其作为整个 HTML5 的呈现页面。 3. 交互代码开发 本项目中需要对背景音乐进行控制,实现页面加载时,音乐自动播放;点击控件按钮时,能控制音乐的播放和暂停功能。 本项目中最主要的交互功能是上下滑动翻页,可以使用 touchstart、touchend 函数,其主要思想是记录滑动开始时、滑动停止时的 Y 轴坐标,用两者的差值判断是向上滑动还是向下滑动。 若要使动画能在网页中播放,则需要将 canvas 标签传入 Stage,并注册各页面动画场景事件和控制上下场的加载。这里的 Stage 是舞台类,LoadQueue 是加载器类,Ticker 可以对 canvas 的绘制频率进行控制。需要注意的是,各页面名称要与在 Animate 软件中发布前创建的类链接名称相对应。 处理各个场景的具体事件。如下图所示,case1 为开始场景,case7 为结束场景。	在交互功能开发前,动画设计人员需要给交互开发人员提供完整的项目源文件,包括各类交互元素图片、动画效果、响应音效等文件。

续 表

序号	关键步骤	实施要点	注意事项

6	交互开发	```switch(sceneNum) {
		  case 1:
		    p1s1.play();
		    p2s1.pause();
		    p2s1.currentTime=0;
		    audio.pause();
		    audio.currentTime=0;
		    $("#up").show();
		    break;
		  case 7:
		    p1s1.pause();
		    p1s1.currentTime=0;
		    p2s1.pause();
		    p2s1.currentTime=0;
		    audio.play();
		    $("#up").hide();
		    break;``` 最后在 index.html 中引入各场景动画和控制逻辑。	

7	审核修订	完成 HTML5 交互动画后,需进行仔细地审核。包括检查页面元素有无缺漏多余、动画有无跳帧及漏帧、交互响应是否正确等。经修改确认无误后,才能交付。	

(三) 实训任务

严格按照实训要求中的标准和规范,并参照实训案例中的操作步骤,完成下面的实训任务。

1. 任务内容

参照《大话西游续二》的脚本内容,使用对应的平面、音频、代码等素材,制作 HTML5 动画,并开发脚本中的交互效果,最终输出对应的 HTML 交互文件。

2. 素材清单

在开始实训任务前,由任课教师提供相关素材。

素材类型	包含内容
脚本	《大话西游续二》脚本
素材包	平面、人物设计、音频、代码

3. 成品欣赏

完成实训任务后可向任课教师索要成品视频,欣赏此任务对应的项目成品效果。

(四) 实训评价

根据下方评价标准,给自己的实训成果进行打分,每项 10 分,总分 100 分。

案例9 企业绩效改革宣传HTML5项目

序号	评价内容	评 价 标 准	分数
1	平面设计	角色的颜色、线条、衣饰等是否符合皮影戏中人物造型的特点	
2		场景设计是否符合中国传统古典绘画的风格	
3		角色风格与场景风格是否和谐、统一	
4		画面排版布局是否合理美观	
5	动画设计	角色动作是否协调流畅,无穿帮现象	
6		角色动作是否符合皮影戏中人物的运动特点	
7		配音、音效等是否与画面内容同步	
8	交互开发	单击、滑动等交互操作是否有效、流畅	
9		内容加载是否稳定、无卡顿的现象	
10		交互操作所对应的反馈内容是否准确无误	
总体评价			

(五)实训总结

遇到的问题 列举在实训任务中所遇到的问题,最多不超过3个
解决的办法 实训过程中针对上述问题,所采取的解决办法

续 表

个人心得 项目实训过程中所获得的知识、技能或经验

案例 10

水利书籍数字化 HTML5 课件项目

一、项目介绍

(一) 项目描述

某出版社由于发展需要,计划将一套水利类书籍整理成互动性强,带有寓教于乐功能的 HTML5 课件,希望能为读者提供生动、趣味的水利知识。该课程计划先后搭建水利瑰宝、水利明贤等课程体系,并完成相应 HTML5 课件的制作、浏览。

(二) 基本要求

平面整体风格古风古韵,需要体现出中国风的元素(如下图所示);若涉及历史时期的人物和物品,则要符合当时历史面貌,确保内容准确、严谨。动画效果上要生动、活泼,能够起到很好的传播效果,引起读者的阅读兴趣。课件最终输出格式为 HTML5 资源包,输出尺寸为 1 280×720 像素。项目文件最终部署于出版社资源库,运行在 Web 端资源平台。

(三) 作品形式

基于内置的播放器框架,将平面、动画内容融入其中,交互效果主要以点击的形式实现,并搭配对应的解说词和动画效果。

二、项目实训

基于上述企业真实的 HTML5 项目需求,归纳实施过程中的标准规范,挑选其中典型的课程设计对应的实训活动。

(一) 实训要求

1. 制作要求

(1) 总体要求

本项目属于出版社数字化资源领域,在项目实施中应注重数字化特色。

本项目应注重知识性的严谨性和传播性,在确保设计出的内容准确无误后,需配合丰富的动画效果,以达到在读者中的广泛传播目的。

(2) 平面设计要求

平面要能比较精准地表达脚本所要求的历史事件、人物形象、演变过程。

历史事件要准确严谨,严格按照脚本的画面描述,完成对历史事件的画面还原。

人物形象要遵循历史,确保绘制出的历史人物准确、明晰。

演变过程需体现出具体的变化,并用高亮或者线段示意变化过程。

(3) 动画设计要求

图文动画的目的是为了突出重点内容,涉及高亮、显示、消失等动画效果的内容部分需参考脚本要求进行制作,并匹配相应的音效。

课件中要包含导学人物形象,人物口型需和字幕同步,并且配合有挥手讲解的动作,动作要规范、自然,不能出现穿帮问题。

(4) 交互开发要求

交互触发的方式尽量简单一些,推荐使用点击、滑动等触发方式,不宜使用双击、长按等触发方式。

触发响应的速度不宜过快,且灵敏度设置不能过高。

点击后需给到提示或音效。

(5) 其他要求

各平面、音频、音效等元素片段如来自网络搜集,应尽量选择免费版权的,如遇版权不明的,则需及时记录下来。

涉及地图、地理方面的图片,如果图片清晰度不够,则需要自己绘制,在绘制时要严格按照图片素材来进行绘制,一定要注意地图的准确性。

实训过程中,需要各位同学互相配合完成的任务,同学们可自行结成任务小组并推出组长,各同学通力合作共同完成实训任务。需要各位同学独立完成的,则要严格要求自行独立完成,不可进行抄袭、借用等行为。

各位学生需在规定课堂时间内完成实训任务,规定时间完不成的则自行在课外完成,并最终在规定时间内提交实训作品。

2. 技术规范

(1) 源文件规范

画面尺寸(制作):1 280×720 像素。

声音设置:MP3 格式、比特率为 128 kbps、最佳品质。

(2) 平面制作规范

1) 框架要求

总体结构分为:封面页、目录页、具体内容页。

封面页需要呈现的内容:总标题"江苏水利瑰宝"及副标题"青口水利枢纽",设计要古风雅韵,符合历史时代主题;设置一个进入按钮;设计一个概述按钮。

目录页需要呈现四个课程模块名称,点击模块名字,可跳转到相应的内容页面。

在具体内容页面中,界面上方为标题栏,下方有视频播放进度条、播放/暂停按钮。左下方有返回按钮,右下方有上一页和下一页两个按钮;上方的标题栏,第一级标题为本次课程标题,第二级标题为课程模块名,第三级标题为每个模块中的小标题,三级标题在字号和颜色上可以略有差异。

2) 风格设计

① 界面整体风格简约素雅,配色饱和度偏低。

② 因内容上的原因,在封面、UI 等设计上,可运用一些古风元素。

3) 人物设计制作

① 需设计导学人物,人物设定为男性,30 岁左右的地理老师。导学人物为扁平风格,无边线。

② 动画当中的插画人物,如乾隆皇帝、大臣形象等,一定要符合历史人物形象,并且风格统一。

4) 文字样式

字体:SourceHanSansCN-Bold,字号:42 磅。

(3) 交互制作规范

1) 游戏逻辑说明

① sco03_01 页面

当 sco03 动画播放完之后,自动跳转到此游戏页面。

此游戏为拖拽匹配,画面有操作提示,在三个闸的部分文字留空。

正误反馈说明:结合脚本给到的答案信息,如果拖动正确,则关键字选项可填充相应的框,并且播放正确音效;如果拖动错误,则关键字选项弹回远处,匹配错误音效。

② sco07 页面

当 sco06_01 动画播放完之后,会自动跳转到此游戏页面。

此游戏为拖拽游戏,用户拖拽符合正确路线,则正确,如果拖动的路线太偏,船自动回起点。

正误反馈说明:结合脚本给到的答案信息,如果拖动路径符合答案,则播放正确音效;如果拖动错误,则船自动回到起点,并且播放错误音效。

2) 框架逻辑说明

① 封面页框架逻辑说明

点击进入按钮,跳转到目录页面。

② 目录页框架逻辑说明

点击相关课程名字,进入相应的内容页。

③ 内容页框架逻辑说明

视频播放进度条可拖动,播放/暂停按钮控制动画的播放状态。

左下角返回键,点击后返回目录页面。

右下角上一页、下一页按钮,点击后切换页面。

民间故事按钮,点击后出现动态插画。

④ 民间故事页框架逻辑说明

点击关闭按钮,回到之前的页面。

⑤ 游戏页框架逻辑说明

点击重置按钮,重新玩游戏。

(二) 实训案例

1. 案例脚本

文本内容	详见素材清单,脚本《江苏水利明贤—清代时期(二)》

2. 实施步骤

序号	关键步骤	实施要点	注意事项
1	脚本研读	1. 浏览解说词和界面呈现,分析平面信息 阅读脚本文本内容。在《江苏水利明贤—清代时期(二)》脚本中,共有3个历史人物,依次为陈潢、傅泽洪、郑元庆。平面数量分别为:陈潢7张,傅泽洪4张,郑元庆4张。 2. 浏览媒体效果,分析动画类型 对于动画的媒体效果主要有淡化出现、高亮显示、淡化消失、转场过渡等,制作时可参考脚本中的描述,按照效果类型进行设计。	

续 表

序号	关键步骤	实 施 要 点	注意事项
1	脚本研读	**3. 浏览交互说明，明确交互功能** 阅读脚本中交互动作要求，明确功能点。在《江苏水利明贤—清代时期（二）》脚本中，主要功能为点击"上一页""下一页"按钮切换显示内容，点击"播放"按钮播放动画。点击"返回"按钮，回到主界面，点击目录页中的图标，进入对应的知识内容页面。	
2	素材获取	通过对脚本的分析，需要设计人物、地图等。有些素材可以利用网络资源，如本项目中的历史人物素材可以从网络中获取，但需要注意版权和素材准确性的问题。 常用平面素材搜集网站：千图网、摄图网、花瓣网等。 历史素材收集网站：全历史等。	
3	平面设计	**1. 封面设计** 课件主题是《江苏水利明贤—清代时期（二）》，按主题内容可从网络素材中获取渔船、河流、山水等元素，作为封面的主基调（如下图所示）。对于脚本中要求呈现的文字，字体可选择古风样式，但要注意文字布局。  **2. 目录页设计** 目录有统一的设计样式，其所需的素材可从素材库中直接调用，但在设计时需留意文字字号及其先后顺序。在本任务中共有 3 个人物需截取人物头像作为目录页中人物的缩略图。 	

续表

序号	关键步骤	实 施 要 点	注意事项
3	平面设计	**3. 内容页设计** 内容页虽然有一致的框架,但在设计时,需要注意上方文字信息息,确保与内容一致。 根据脚本要求,需要完成对相应人物形象、地图标注、元素排版、卷轴的设计(如下图所示)。	
4	动画设计	**1. 高亮效果** 在讲解知识点时,需配合解说词对相应区域采用高亮的效果,以起到说明、强调的作用。根据脚本对动画的描述,分为高亮闪动和常亮两种效果,制作时需注意按脚本要求设置动效。 **2. 弹出对话框效果** 在展现地图内容时,我们经常会用到以对话框来呈现相应的关键字和图片,因此对动画进行设计时需结合脚本要求,在信息点上呈现相应的对话框。	
5	交互开发	**1. 开发环境准备** 交互开发人员要前期安装好 Web 端 HTML5 开发软件 HBuilder。 **2. 交互素材准备** 准备好交互所需的素材,并将其导入到 Flash 软件中将各个元件进行命名,以方便后期使用代码直接调用元件完成交互效果制作。 **3. 交互代码开发** 本项目代码需完成两种交互效果的制作,分别为点击切换页面和播放视频功能。 (1) 导入数据库 createjs 调用库文件的 createjs 方法,为点击效果的实现做准备。 (2) 定义各元件名称 在 HBuilder 软件中,定义之前命名好的元件名称(如下图所示)。	在开发交互功能前,平面、动画设计人员需要给交互开发人员提供完整的项目源文件,包括各类元素图片、动画、音效等。

序号	关键步骤	实施要点	注意事项
| 5 | 交互开发 | ```
};
function onGameStart(res, st){
    exportRoot = res;
    stage = st;
    init();
}
function initVideoPlayer() {
    videoPlayer.init(opt);
    videoPlayer.onDurationChange = onVideoDurationChange;
    videoPlayer.onUpdate = onVideoUpdate;
    videoPlayer.onEnded = onVideoEnded;
}
function init(){
    btnPlay = exportRoot.btnPlay;
    btnPlay.cursor = "pointer";
    progressBar = exportRoot.progressBar;
    txtCurrent = exportRoot.txtCurrent;
    txtDuration = exportRoot.txtDuration;

    btnNext = exportRoot.btnNext;
    btnPrev = exportRoot.btnPrev;
    btnBack = exportRoot.btnBack;
```<br>**(3) 制作封面**<br>首先在 flash 软件中导入封面动画,定义好播放时长,当动画播完后,显示下一步按钮(btnStart),在代码中设置点击效果,播放背景音乐(可参见下图)。<br><br>```
start.btnStart.cursor = 'pointer';
utils.on(start.btnStart,'click',function(){
    start.play();
    multiAudioPlayer.playAudio('sounds/bgm.mp3',true);
});
```<br>**(4) 制作目录页**<br>在目录页中需要完成点击左、右按钮以切换中间历史人物和点击历史人物头像进入该人物有关内容的介绍这两种功能。首 | |

序号	关键步骤	实 施 要 点	注意事项
| 5 | 交互开发 | 先对左、右按钮定义好名称（btnPrev\btnNext）并添加切换功能，然后再对人物图片进行命名（btn1、btn2、btn3），并分别设置好点击后切换的页面内容（如下图所示）。<br><br>```js
function handleControls() {
    start.btnNext.cursor = 'pointer';
    utils.on(start.btnNext,'click',function(){
        currentIdx++;
        if(currentIdx > TOTAL_A_COUNT -1) currentIdx = 0;
        start.gotoAndPlay('a' + currentIdx);
    });
    start.btnPrev.cursor = 'pointer';
    utils.on(start.btnPrev,'click',function(){
        currentIdx--;
        if(currentIdx < 0) currentIdx = TOTAL_A_COUNT -1;
        start.gotoAndPlay('a' + currentIdx);
    });
```<br><br>**(5) 制作内容页**<br>内容页共计3个人物，可以采用定义变量的方式，对内容页视频进行控制（如下图代码所示）。<br><br>```js
start_btnGroup.forEach(function(btn,i){
    btn.cursor = 'pointer';
    utils.on(btn,'click',function(){
        start.visible = false;
        changeVideo(i);
        currentVideoIdx = i;
    });
});

btnNext.cursor = 'pointer';
utils.on(btnNext,'click',function(){
    hideContent();
    currentVideoIdx++;
    if(currentVideoIdx > TOTAL_VIDEO_COUNT -1) currentVideoIdx = 0;
    changeVideo(currentVideoIdx);
});

btnPrev.cursor = 'pointer';
utils.on(btnPrev,'click',function(){
    hideContent();
    currentVideoIdx--;
    if(currentVideoIdx < 0) currentVideoIdx = TOTAL_VIDEO_COUNT -1;
    changeVideo(currentVideoIdx);
});
```<br><br>**(6) 制作视频播放进度控制条**<br>视频进度条控制的实现方式是通过调用视频播放器代码公式，并定义好进度条长度占完整视频的百分比来实现（代码公式如下图所示）。 | |

续 表

序号	关键步骤	实施要点	注意事项
5	交互开发	```
setVideoProgressPercent(current/duration);
txtCurrent.text = convertTime(current);
txtDuration.text = convertTime(duration);
}
function onVideoEnded() {
    btnPlay.gotoAndStop(1);
//   if(currentVideoIdx == 0){
//   content.visible = true;
//   }
}
function stopVideoPlayer() {
    btnPlay.gotoAndStop(1);
    videoPlayer.stop();
    setVideoProgressPercent(0);
    txtCurrent.text = convertTime(0);
}
function convertTime(time){
    var seconds = Math.floor(time);
    var m = Math.floor(seconds / 60);
    var s = seconds - m * 60;
    if(m <=9) m = '0' + m;
    if(s <=9) s = '0' + s;
    return m + ':' + s;
}
function getDist(mc1, mc2) {
    var distX = mc2.nominalBounds.width / 2;
    var distY = mc2.nominalBounds.height / 2;
    if(Math.abs(mc1.x - mc2.x) < distX && Math.abs(mc1.y - mc2.y) < distY) return true;
    else return false;
```
对进度条的控制,是通过设置长度来获取百分比,从而控制进度条画面播放的内容,具体代码如下:
```
progressBar.bg.cursor = "pointer";
utils.on(progressBar.bg, 'click', function (e) {
    hideContent();
    var percent = e.localX / vLen;
    setVideoProgressPercent(percent);
    videoPlayer.seekToPercent(percent);
});

var vDot = progressBar.dot;
vDot.cursor = 'pointer';
utils.on(vDot, "pressmove", function(evt){
    hideContent();
    var p = progressBar.globalToLocal(evt.stageX, evt.stageY);
    if(p.x < 0) {
        p.x = 0;
    }else if(p.x > vLen) {
        p.x = vLen;
    }
    var percent = p.x / vLen;
    this.x = p.x;
    setVideoProgressPercent(percent);
    videoPlayer.seekToPercent(percent);
});
}
``` | |
| 6 | 审核修订 | HTML5交互成品做完后,还需进行仔细地审核。包括检查页面元素有无缺漏多余,有无跳帧、漏帧等问题。经修改确认无误后,才能交付。 | |
```

（三）实训任务

严格按照实训要求中的标准和规范，并参照实训案例中的操作步骤，完成下面的实训任务。

1. 任务内容

参照《江苏水利明贤——清代时期（二）》的脚本内容，使用对应的平面、动画、视频等素材，制作 HTML5 课件，最终输出对应的 HTML 交互课程文件。

2. 素材清单

在开始实训任务前，由任课教师提供相关素材。

素 材 类 型	包 含 内 容
脚本（2个）	《江苏水利明贤——清代时期（二）》脚本、配音稿
素材包	平面、音频、代码

3. 成品欣赏

完成实训任务后可向任课教师索取成品视频，欣赏此任务类似的项目成品效果。

（四）实训评价

根据下方评价标准，给自己的实训成果进行打分，每项 10 分，总分 100 分。

序号	评价内容	评 价 标 准	分数
1	平面设计	角色设计是否符合古代人物形象	
2		画面排版布局是否合理美观	
3		场景设计是否符合中国风的特点	
4	动画设计	动画是否流畅、自然	
5		动画效果是否能准确表达脚本要求	
6	交互开发	单击、滑动等交互操作是否流畅	
7		长时间反复交互使用时操作功能是否稳定	
8		视频播放是否流畅、无卡顿	
9		播放器进度条拖动是否正常	
10		视频播放是否正常、有声音	
总体评价			

(五) 实训总结

遇到的问题 列举在实训任务中所遇到的问题,最多不超过 3 个
解决的办法 实训过程中针对上述问题,所采取的解决办法
个人心得 项目实训过程中所获得的知识、技能或经验

案例 11

幼儿绘本 AR 立体书项目

一、项目介绍

（一）项目描述

上海市某学校希望基于一本现有的幼儿绘本《好饿的小蛇》，开发出配套的 AR 立体书，通过让读者扫描指定的绘本图片，而向其呈现出对应的动画场景和效果，并在此基础上根据项目的实际实施过程，制作出完整的项目策划、设计、开发教程。

基于学校需求，本项目决定使用三维建模设计出草地、小蛇、果实等游戏模型，使用 unity 引擎开发出移动、吞食等动画效果，最终利用 AR 技术和移动端摄像头来实现动画效果与现实空间的融合。

（二）基本要求

项目采用 AR 立体书的形式呈现绘本内容，整体上要采用 3D 动漫风格，将草地、小蛇、水果等模型设计成比较卡通的形象（如下图所示）。对小蛇行走、小蛇吞食等动作要呈现出拟人和夸张的动画效果，并配以卡通类型的字幕和语音，从而增强立体书的趣味性。AR 扫码过程应尽可能简单准确，动画呈现效果流畅自然。

（三）作品形式

AR 立体书整体上采用三维动画的形式，通过移动端摄像头的 AR 扫描，让游戏场景与现实空间实现融合。玩家通过移动端摄像头扫描书籍页面即可打开 AR 立体书，并在拍摄空间内自动呈现小蛇吞食果实的动画效果,动画播放完毕后自动关闭。AR立体书最终打包成Android资源包,用户在下载安装后即可使用。

二、项目实训

基于本项目AR立体书的开发需求,设置相应的实训内容。本项目要求学生按照实训要求,在明确任务素材支持、实施步骤的基础上完成实训任务,并基于自己的实训过程,完成实训评价和实训总结。

(一) 实训要求

1. 制作要求

(1) 总体要求

由于本项目所开发的AR立体书,主要面向的对象是幼儿园幼儿,因此在整体设计风格上要考虑幼儿的性格特点。

由于AR立体书需要呈现出较好的虚实融合的效果,因此开发时需要注意整个场景的尺寸不宜过大,形状不宜太规则,无须背景。

由于AR立体书产品的最终形式为APK文件,其将会在手机、平板电脑等安卓移动端运行,因此开发时需要充分考虑设备的尺寸和性能。

(2) 模型设计要求

参照脚本文件(绘本电子版),制作立体书的场景、小蛇、食物等模型,外观造型应尽可能与绘本图片贴近。

因原始绘本显示小蛇在进食不同食物时会有不同的体型,所以在立体书模型设计时同样需要设计小蛇进食不同食物时的多个模型。

对立体书场景进行设计时,在脚本的基础上可适当发挥可能创意,搭配树木、河流、花草等元素模型。

(3) 材质设计要求

在参考脚本的基础上,设计小蛇、食物等模型贴图可发挥个人设计创意,适当添加纹理。

由于小蛇在进食时身体处于一个拉伸的状态,因此不用为进食不同食物的小蛇模型设计额外的贴图,只需把原始的模型贴图进行对应的拉伸即可。

因贴图纹理能比较均匀地映射到三维物体上,所以贴图接缝应尽可能齐整。

由于模型材质能有效发挥三维呈现的效果,因此设计时可添加合适的反射光源。

(4) 交互开发要求

立体书在AR扫描、识别、响应的方面要尽可能迅速、流畅。

立体书中小蛇的蠕动、小蛇吃食等动画要流畅自然,无掉帧、卡顿等现象。

对立体书应适当添加背景音乐,关键动画添加音效,相关字幕添加配音。

(5) 其他要求

图片、模型、贴图等素材如来自网络搜集，应尽量选择免费版权的，如遇版权不明的，则需及时记录下来。

实训过程中，需要各位同学互相配合完成的任务，同学们自行结成任务小组并推出组长，各同学通力合作共同完成实训任务。需要各位同学独立完成的，则要严格要求自行独立完成，不可进行抄袭、借用等行为。

各位学生需在规定课堂时间内完成实训任务，规定时间完不成的则自行在课外完成，并最终在规定时间内提交实训作品。

2. 技术规范

(1) 模型规范

模型位置：全部物体模型最好站立在原点。没有特定要求下，必须以物体对象中心为轴心。

面数控制：单个物体面数控制在 1 000 个三角面，单屏展示的物体总面数应控制在 7 500 个三角面以下，系统全部物体面数合计不超过 20 000 个三角面。

模型优化：合并断开的顶点，移除孤立的顶点，删除多余或者不需要展示的面，能够复制的模型尽量复制，模型绑定之前必须做一次重置变换。

模型命名：模型命名不能为中文，且不能重名，建议使用物体通用的英文名称或者汉语拼音命名，便于项目后期的修改。

(2) 材质规范

材质球命名与物体名称要一致，材质球的父子层级的命名也必须一致；

材质的 ID 号和物体的 ID 号必须一致；

同种贴图必须使用一个材质球；

贴图不能以中文命名，不能有重名；

将带 Alpha 通道的贴图存储为 tga 或者 png 格式，在命名时必须加_al 以示区分；

贴图文件尺寸须为 2 的 N 次方(8、16、32、64、128、256、512、1 024)最大尺寸不得超过 2 048×2 048 像素；

除必须要使用双面材质表现的物体之外，其他物体不能使用双面材质；

若使用 completemap 烘焙，烘焙完成后会自己主动产生一个 shell 材质，此时必须将 shell 材质变为 standard 标准材质，而且通道要一致。否则不能正确导出贴图；

模型通过通道处理时需要制作带有通道的纹理，在制作树的通道纹理时，最好将透明部分改为树的主色，这样在渲染时才能使有效边缘部分的颜色正确。通道纹理在程序渲染时占用的资源比同尺寸的普通纹理要多，通道纹理命名时应以_al 结尾。

(3) Unity 开发规范

文件命名规范：各文件或文件夹需按照对象名称、类型或功能进行统一规范的英文命名，所有资源原始素材统一使用小写命名，通过下划线"_"来拼接，预设(Prefab)、图集

(Atlas)等处理后的资源,命名以大写字母开头,最终起到清晰明了的作用。

文件管理规范:UI、模型、贴图、材质、场景、脚本、预设体等各类型的资源在创建或归档时,需要放入对应的命名规范的文件夹里。

程序编写规范:各种参数、函数、脚本在创建时,可按照对象名称或功能进行英文命名,并根据需要在代码后面添加注释,以方便后期查找与修改。

(二)实训案例

1. 案例脚本

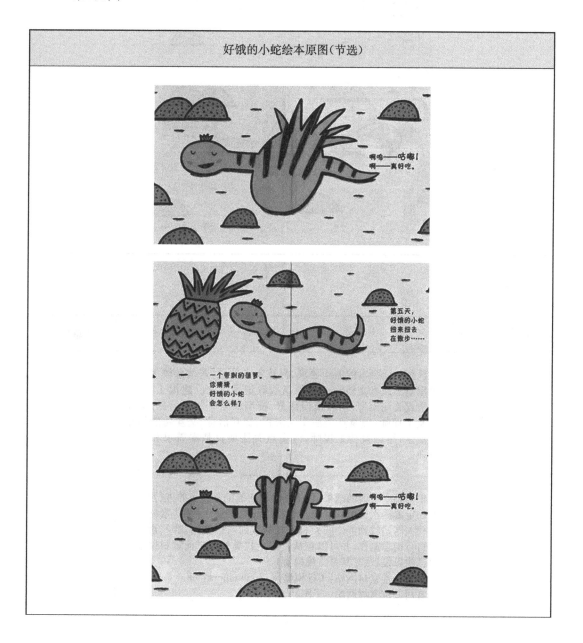

续 表

好饿的小蛇绘本原图(节选)
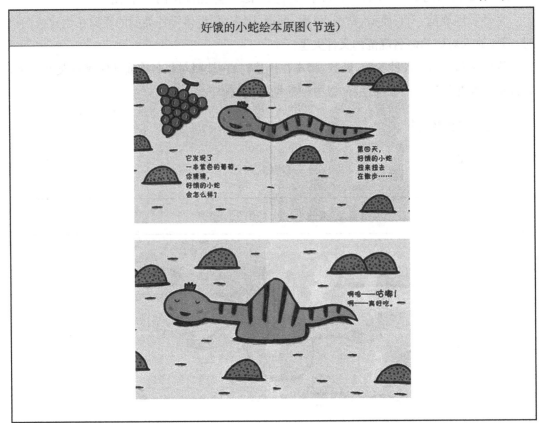

2. 实施步骤

序号	关键步骤	实 施 要 点	注意事项
1	脚本研读	认真阅读脚本的制作要求,提炼重点信息,若信息较多则建议用笔墨或者文档将关键信息摘取记录下来。建模工程师,应重点关注模型种类、模型数量、模型风格等相关信息;交互开发工程师,应重点关注交互流程、交互信息、交互功能等相关信息;平面设计工程师,应重点关注项目基本需求和所在行业。	
2	素材获取	根据脚本研读的结果,各工程师对所需的素材来源进行分析,并确定哪些素材可以从以往相似项目直接调用,哪些素材可以在相关网站找到类似的素材并在修改后可以使用,哪些素材需要自行构思制作,并可以在从网络上找类似的平面素材以辅助自己构思设计(尤其是三维模型)。 常用三维素材网站:CG 模型网、3dwarehouse 等 常用二维素材网站:千图网、昵图网等	

续 表

序号	关键步骤	实 施 要 点	注意事项
3	平面设计	根据任务内容要求，参照原始绘本图形，设计对应的平面贴图。包括：小蛇贴图1张，苹果、香蕉、饭团、菠萝、葡萄食物贴图各1张，场景贴图若干张（根据场景设计需要以及所能搜集整理的模型素材，补充设计所需的贴图），以及游戏启动界面、交互按钮等UI图片。	
4	模型设计	参照原始绘本的物体造型，制作对应的场景、角色和道具的三维模型，并附加合适的贴图、材质。 **1. 场景模型设计** 原始绘本的场景只有一些绿色草堆，AR立体书则需在此基础上进行拓展设计，如绿草地、岩石、河流、花草、树木等物体。相关模型素材可以先从相关网站或以往项目中搜集整理，对于缺少的物体模型可再进行补充性设计。 **2. 角色模型设计** 角色模型设计。本项目角色只有一条小蛇，但需要设计六个不同状态的模型，包括正常状态下的1个模型，以及进食物状态下的5个模型（每种食物1个模型）。制作时，可直接对照绘本上角色的平面造型，基于平面形状使用对应的基本模型（球体、圆柱体、立方体等）构造所需的三维模型。 角色材质设计。在角色模型的基础上，导入设计好的角色贴图，并添加合适的漫反射效果，使得小蛇这个角色更加地生动形象。 **3. 游戏道具模型设计** 道具模型设计。参照道具平面草图，设计苹果、香蕉、饭团、菠萝、葡萄这五种食物的基本造型，并完善局部结构即可。 道具材质设计。在道具模型的基础上，导入设计好的道具贴图，并根据需要添加合适的漫反射效果。 温馨提示：小蛇进食时的三维模型，可以使用正常状态的模型与对应的食物道具模型进行添加融合设计，这样可以快速提升模型的制作效率。	
5	动画制作	**1. 骨骼绑定** 在动画制作之前，先要为运动的小蛇的关键部位绑定骨骼。如若要实现小蛇扭动的动作，就需要在小蛇的躯干中部绑定骨骼。若要实现小蛇张嘴吞食的动作，则需要在小蛇的嘴部两边绑定骨骼。 **2. 动画制作** 根据运动的动画效果，设计小蛇关键动作的骨骼造型，并合理设置动作关键帧，从而制作成自然流畅的角色动画。	
6	音效制作	为了使游戏更加生动，可以适当为动画添加声音特效。如小蛇蠕动的音效、小蛇吞食的音效、小蛇吃完的音效等。	

续 表

序号	关键步骤	实 施 要 点	注意事项
7	交互开发	**1. 开发环境准备** 点击素材包中的 UnityDownload 文件，下载安装交互开发软件 Unity 2017。此外，本项目程序开发需要使用脚本编辑器 Visual Studio（简称 VS），电脑上如果没有也需要安装。 **(1) 安装 JDK 和 SDK 软件** 由于本项目成果需要发布到 Android 平台，因此还需要安装 JDK 和 SDK 软件。 安装 JDK 时可以选择自己想要的盘符，只需把默认安装目录 \java 之前的目录修改即可（如下图所示）。 安装完 JDK 后需要配置环境变量，配置路径为：计算机→属性→高级系统设置→环境变量。配置方法如下： 系统变量→新建→变量名填写 JAVA_HOME，变量值填写 JDK 的安装目录。 系统变量→选中 Path 变量→编辑，分别新建%JAVA_HOME%\bin 和%JAVA_HOME%\jre\bin 两个变量。 系统变量→新建→变量名填写 CLASSPATH，变量值填写 ".;%JAVA_HOME%\lib;%JAVA_HOME%\lib\tools.jar" （注意最前面有一点） 检验是否配置成功 运行 cmd 输入 java -version（java 和 -version 之间有空格）。若如图所示，显示版本信息，则说明安装和配置成功。 SDK 的安装很简单，直接将 SDK 这个文件夹放到 Unity 的根目录下即可。	

续表

序号	关键步骤	实 施 要 点	注意事项
7	交互开发	**(2) 安装高通 AR 插件** 由于本项目要实现 AR 交互效果,因此需要使用高通 AR (Vuforia)插件。 首先进入官网地址"http://developer.vuforia.com",进行注册登录。 在高通 AR 官网登录后,按下图步骤,进入创建 Key 的界面。 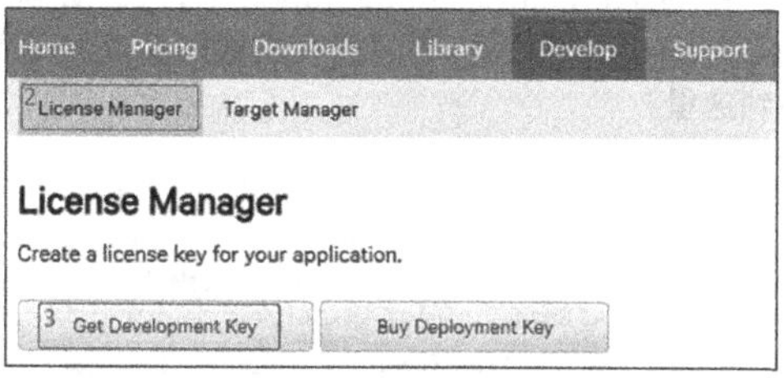 ① 按下图步骤,完成 Key 的创建。 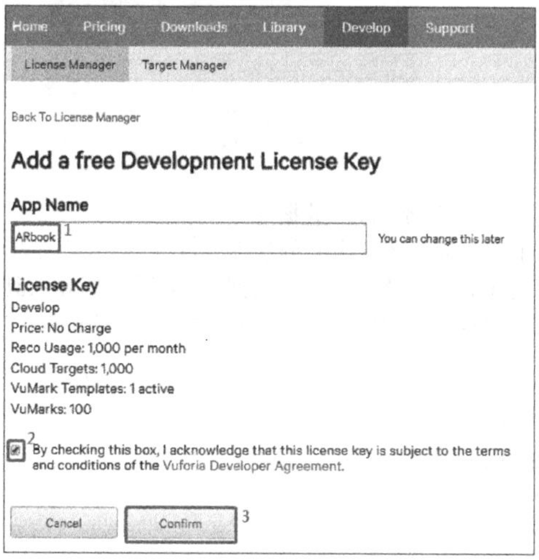 ② 按下图可以查看上一步创建的 Key,然后复制备用。 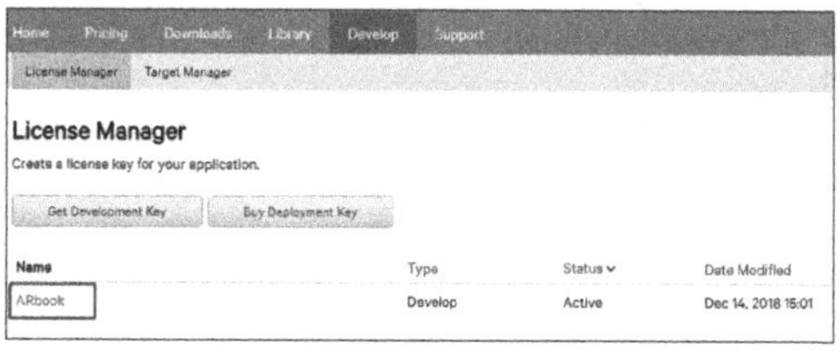 **(3) 导入高通 AR 插件** 直接将"Vuforia-unity-6-2-10.unitypakage"资源包(任务素材包任务 2 资源包)拖拽到 Project 工程面板中。导入后,在 Project 界面呈现对应的内容。	

续 表

序号	关键步骤	实 施 要 点	注意事项
7	交互开发	将 Hierarchy 面板中的主摄像机删除,将 Project-Vuforia-Prefabs 文件内的 AR Camera 拖到 Hierarchy 面板中(无须将 AR Camera 设置为主摄像机)。 (4) 为 AR Camera 添加 lisence Key 选中 Hierarchy 面板中的 AR Camera,在 Inspector 面板上看到它有一个 Vuforia Behaviour 脚本,点击 Open Vuforia configuration 按钮。在 Open Vuforia configuration 中,可以看到下图框中的"App License Key"位置,将之前在高通网站复制的 Key 复制后粘贴到这里。 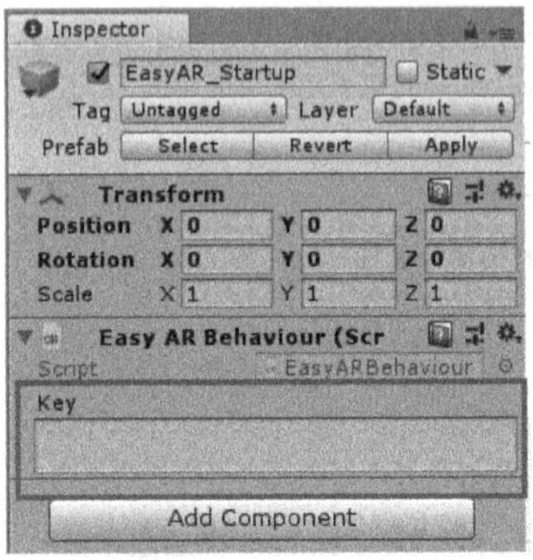 (5) 创建"识别图片"数据库 除了在高通 AR 官网上创建 Key,我们还需要在高通 AR 官网上创建并下载"识别图片"的数据库,然后将其导入到 Unity 中。 按下图步骤,创建一个数据库,命名为 ARbook。 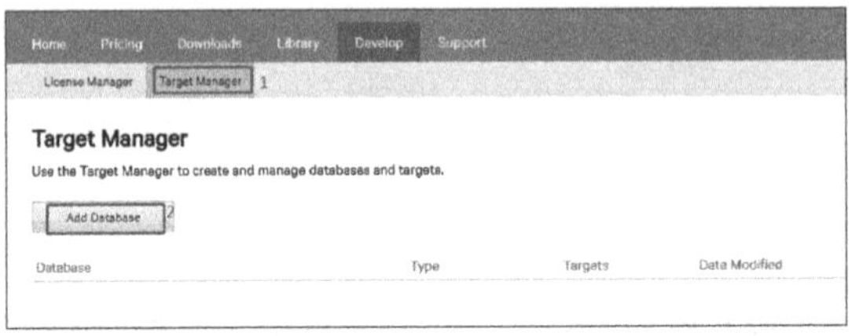 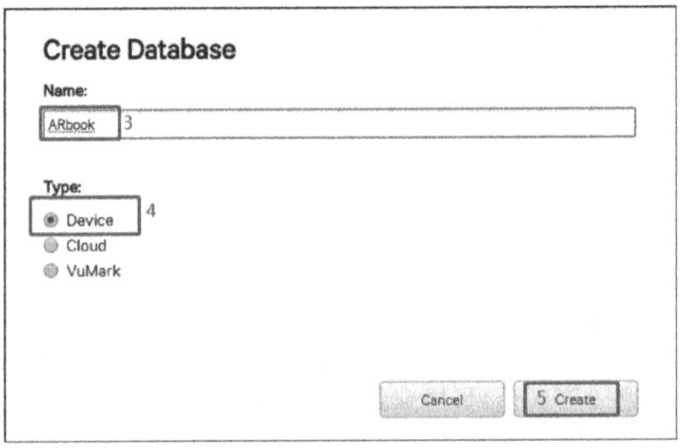	

续 表

序号	关键步骤	实 施 要 点	注意事项
7	交互开发	再按下图步骤,将识别图片导入到上一步创建的数据库中。 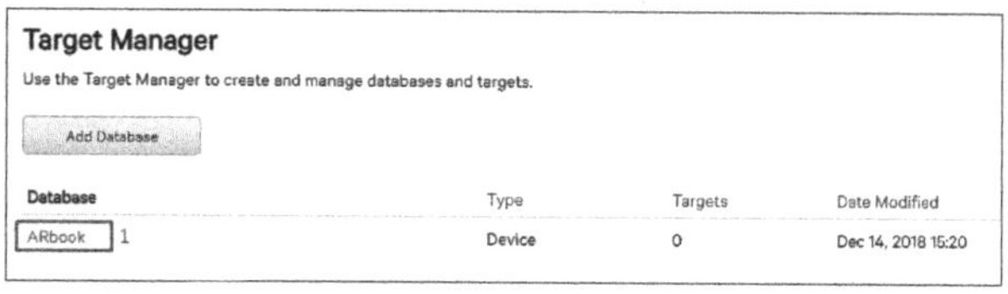 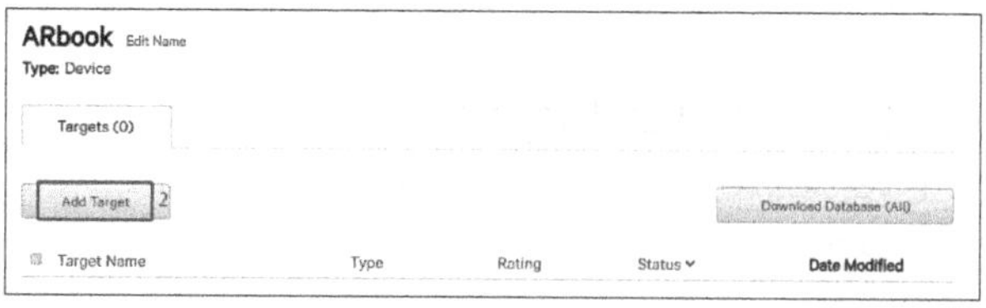 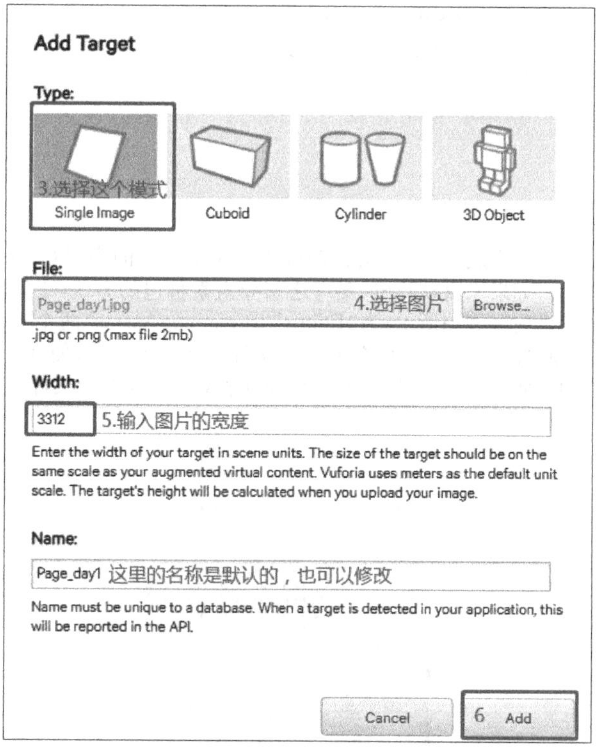 按照上述步骤,完成1张图片的导入后再重复此步骤,完成其余4张识别图片的导入(注意:上传的图片只能是jpg或png模式,且图片大小不能超过2 MB)。 当导入的图片状态都是"Active"后,便在高通 AR 网站上形成了"包含识别图片内容的数据包"。接下来,按下图步骤下载这个数据包。	

续 表

序号	关键步骤	实 施 要 点	注意事项
7	交互开发	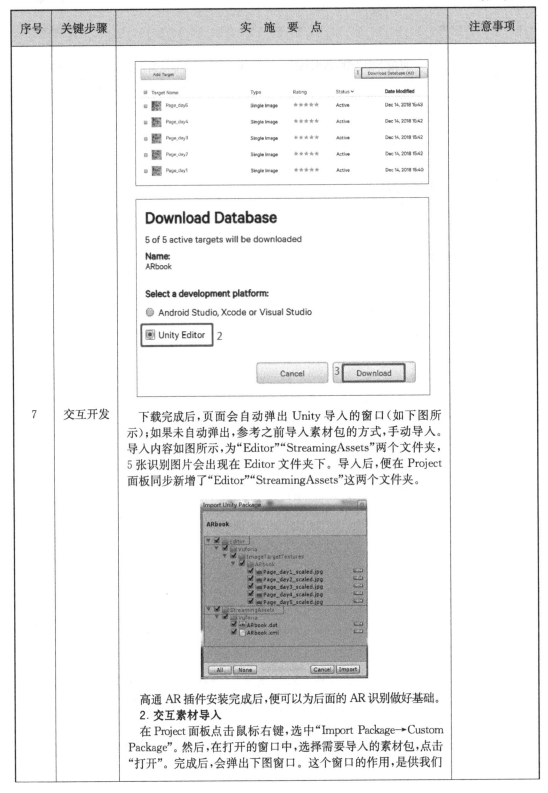 下载完成后,页面会自动弹出 Unity 导入的窗口(如下图所示);如果未自动弹出,参考之前导入素材包的方式,手动导入。导入内容如图所示,为"Editor""StreamingAssets"两个文件夹,5 张识别图片会出现在 Editor 文件夹下。导入后,便在 Project 面板同步新增了"Editor""StreamingAssets"这两个文件夹。 高通 AR 插件安装完成后,便可以为后面的 AR 识别做好基础。 2. 交互素材导入 在 Project 面板点击鼠标右键,选中"Import Package→Custom Package"。然后,在打开的窗口中,选择需要导入的素材包,点击"打开"。完成后,会弹出下图窗口。这个窗口的作用,是供我们	

续表

序号	关键步骤	实 施 要 点	注意事项
7	交互开发	选择"将素材包中的哪些内容进行导入"。这里我们选择"All"全部,然后点击"Import"。导入完成后,在 Project 面板可以看到导入的素材。 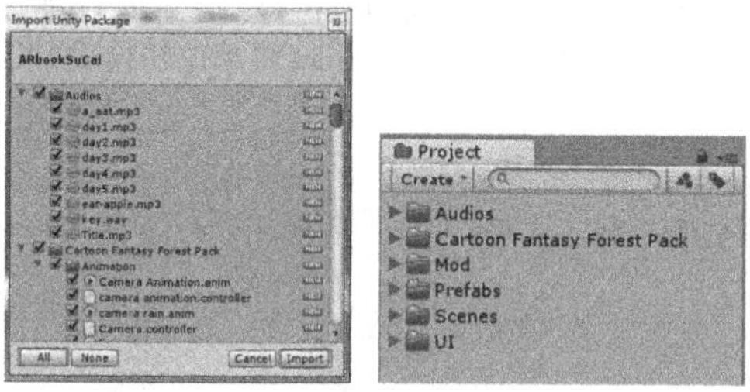 **3. 交互代码开发** **(1) 实现小蛇移动** 将 Project 中 prefabs 文件夹下的场地模型、小蛇模型,拖到 Hierarchy 中,并拖拽成为 ImageTarget 的子对象(如下图所示)。然后调整场地模型、小蛇模型的大小、位置,使其与 Scene 中的识别图片大小、位置相匹配。 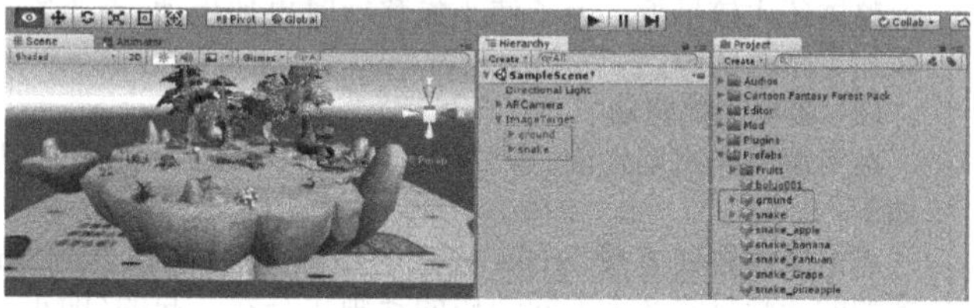 (注意:Mod 文件夹中的模型,是从 3Dmax 里倒过来的 fbx 模型;Prefabs 文件夹中的模型,是根据 Mod 文件夹中的模型,修改过属性后做成的预设。拖到 Hierarchy 中的模型,都是 prefabs 文件夹里的。) 在 Project 面板,创建一个文件夹,并将其命名为"Scripts",用于存放脚本。在这个文件夹下,创建一个脚本,命名为"SnakeMove",并挂载到小蛇模型上。打开 SnakeMove 脚本,编写让小蛇移动的代码。 首先创建一个移动速度的变量,然后在 Start 中为这个变量赋值 0.8f,再在 Update 中,设定小蛇的移动方法(如下图所示)。 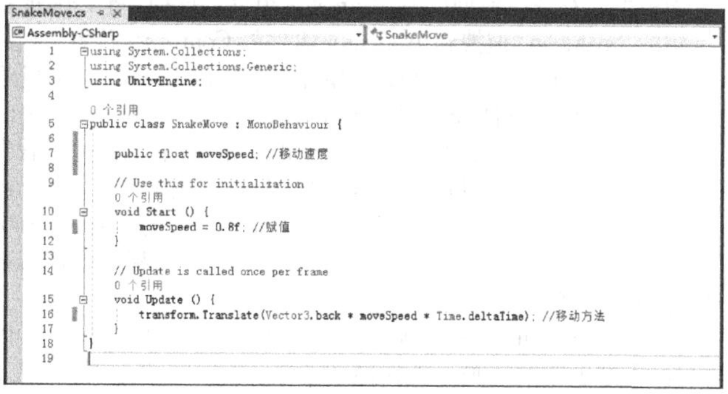	

续表

序号	关键步骤	实 施 要 点	注意事项
7	交互开发	编辑小蛇移动方法的代码时,需要先观察Scene中小蛇的本地坐标系方向。以下图为例,小蛇在本地坐标系下,蓝色Z轴方向是前方forward,因此,当需要小蛇从画面右侧向左侧移动,代码中小蛇的方向就应该是back。然后将向量乘以移动速度moveSpeed、乘以Time.deltaTime(将单位转换成"米/秒")。 然后保存脚本并运行,可以看到,小蛇模型按照代码设定的移动方法,从画面右侧朝左侧移动。 目前虽然实现了小蛇模型沿着设定的方向直线移动的效果,但整体还比较呆板。为了使小蛇移动时更加生动,需要给小蛇添加走路的动画。 **(2)实现小蛇扭动** 在实现小蛇扭动之前,需要切割原有的小蛇动画。切割方法如下: 点击播放按钮查看Snake模型的动画内容,可以看到Snake模型的动画是将2个不同动作的动画集合在一起的(即小蛇扭动身体走路及吃东西)。选中原有的动画,点击加号生成新的动画,然后根据需要切割的内容(走路、吃饭),设定开始/结束的帧数,亦可对新动画重新命名。 点击Apply后,在Project面板中Snake模型下,便出现了完成切割的动画。此时,可查看切割好的walk、eat动画,但需要确认动画播放时"没有位移",否则会影响最终的动画效果。 在动画切割完毕后,便可以开始制作小蛇扭动的动画。 在Project面板,点击右键创建一个Animator Controller,并将其命名为"SnakeAni"。选中Hierarchy中的Snake模型,在Inspector面板可以看到该模型已有Animator组件。此时,将Project面板中的"SnakeAni"拖拽到Animator组件的Controller位置。(注意:若选中Hierarchy中的Snake模型后,未在Inspector面板看到Animator组件,可以通过"Add Component"添加Animator组件。) 点击运行,查看小蛇移动时的walk动画效果。通过查看发现小蛇移动时,walk动画只在开头出现,这时就需要对walk动画进行调整。选中Project中的walk动画,点击Inspector中的Edit,会出现Animation面板。在Animation面板中,将Loop循环勾打上,然后点击Apply。 点击运行,再次查看小蛇移动时的walk动画效果。可以看到,小蛇走路的动画一直在循环发生。	

续 表

序号	关键步骤	实 施 要 点	注意事项
| 7 | 交互开发 | (3) 小蛇走向食物<br>将 prefabs 文件夹下的苹果模型拖到 Hierarchy 中成为 ImageTarget 的子对象,调整苹果模型的大小、位置,使其与其他模型大小、位置匹配。<br>选中 Hierarchy 中的小蛇模型,便可以在 Inspector 中看到下图的组件,然后将 Hierarchy 中的苹果模型拖到"Target"框内。<br>打开 SnakeMove 脚本,编写小蛇向食物移动的代码(如下图所示)。首先创建一个目标的变量,再创建一个方向向量。方向向量等于目标位置减去小蛇位置,设定小蛇是在世界坐标轴下移动。明确小蛇的 Y 轴不变,使小蛇始终在同一水平高度移动。<br><br>```
using System.Collections;
using System.Collections.Generic;
using UnityEngine;

public class SnakeMove : MonoBehaviour {
    public float moveSpeed;//移动速度
    public Transform target;//目标
    Vector3 dir;//方向向量

    // Use this for initialization
    void Start () {
        moveSpeed = 0.8f;//赋值
        dir = target.position - transform.position;
    }

    // Update is called once per frame
    void Update () {
        transform.Translate(dir * moveSpeed * Time.deltaTime, Space.World);//移动方法
    }
}
```<br><br>(4) 让小蛇走到食物前停下<br>可以通过蛇与食物之间的距离来判断蛇是否要停下,这里可以使用 Vector3.Distance() 方法来获得两个点之间的长度,当长度小于某个值时,则不再执行移动的代码。为小蛇设置合适的停止距离,可以运行 print 输出观察一下,选一个自己项目中合适的值。<br>保存脚本,并运行。当小蛇走到需要让其停下的位置时,点击暂停。此时,查看 Consoel 中的暂停时的值为"3.4"。(这个值不是通用的,以 Consoel 中显示的为准。)<br>以此为依据,将脚本中的"1f"修改为"3.4f"。再次保存脚本并运行。可以看到小蛇走到苹果模型前停止了移动,但发现 walk 动画还在继续循环播放。<br>(5) 小蛇张大嘴巴<br>打开 SnakeMove 脚本,修改代码,让小蛇走到苹果模型前,停止移动的同时,由 walk 动画过渡为张大嘴巴吃东西的 eat 动画。<br>将之前的 print 代码进行注释,创建一个"是否吃到食物"的布尔变量"isEat"。(如下图所示)<br><br>```
public float moveSpeed;//移动速度
public Transform target;//目标
Vector3 dir;//方向向量
bool isEat;
``` | |

续 表

序号	关键步骤	实 施 要 点	注意事项
| 7 | 交互开发 | 在 Update 方法中（如下图所示），编写 if 函数，让小蛇走到苹果模型前、停下时，可以吃东西；未走到苹果模型前、未停下时，不可以吃东西。<br><br>```
void Update () {
    //print(Vector3.Distance(transform.position, target.position));
    if(isEat == false)
    {
        if (Vector3.Distance(transform.position, target.position) > 3.4f)
        {
            transform.Translate(dir * moveSpeed * Time.deltaTime, Space.World);//移动方法
        }
        else
        {
            isEat = true;
            EatFruit();
        }
    }
}
```<br><br>打开 SnakeMove 脚本，编写代码。先创建一个动画组件，然后获取动画组件。保存脚本。（如下图所示）<br><br>```
public float moveSpeed;//移动度
public Transform target;//目标
Vector3 dir;//方向向量
bool isEat;//是否吃到水果
Animator ani;
// Use this for initialization
void Start () {
    moveSpeed = 0.8f;//赋值
    dir = new Vector3(target.position.x - transform.position.x, 0, target.position.z - transform.position.z).normalized;
    ani = GetComponent<Animator>();
}
```<br><br>打开 Project 中的 SnakeAni 动画控制组件，在 Animator 面板内创建一个空的状态，并命名为"Eat"。选中 Animator 面板中的"Eat"，将 Mod 文件夹中 snake 模型里的 eat 动画，拖拽给属性面板中的 Motion。<br>选中 Animator 面板中的 New State，点击鼠标右键，在显示的菜单中点击"Make Transition"新建过渡条，将过渡条拖拽、与 Eat 连接。<br><br>在 Animator 面板中的"Parameters"里，点击加号，选择创建一个 Bool 类型，并将其命名为"IsEat"。<br>选中刚才添加的过渡条，点击下图框中的播放按钮后，可以预览动画过渡的效果。同时，在 Inspector 面板中，需要：（a）将"Has Exit Time"的勾去掉；（b）点击 Conditions 中的加号，选择 IsEat 为 true。 | |

序号	关键步骤	实 施 要 点	注意事项
| 7 | 交互开发 | 打开 SnakeMove 脚本,继续编写代码。将 print 代码删除,编写动画过渡的代码(如下图所示)。<br><br>```
void EatFruit()
{
    ani.SetBool("IsEat", true);
}
```<br><br>保存脚本并运行。可以看到,小蛇走路移动到苹果模型前停下后,由 walk 动画过渡为了张大嘴巴的 eat 动画。<br>**(6) 小蛇吃掉了食物**<br>将 Prefabs 文件夹中的"snake_apple"模型拖到 Hierarchy 面板中,并拖拽成为 ImageTarget 的子对象。这个模型是小蛇吃掉了苹果后,身体呈现苹果的形状。将 snake_apple 模型的 Transform 参数,设置为与 snake 模型一样,然后将其隐藏(如下图所示)。<br><br>打开 SnakeMove 脚本,编写代码。先创建一个协程,然后调用这个协程,并设置在调用协程 1.2 秒后,再启用"苹果模型消失、snake 模型消失、snake_apple 模型出现"的代码(如下图所示)。<br><br>```
void EatFruit()
{
    ani.SetBool("IsEat", true);
    StartCoroutine(Eat(target.name));//调用协程
}

IEnumerator Eat(string name)//创建一个协程
{
    yield return new WaitForSeconds(1.2f);//调用协程1.2秒后,在启用下面的代码
    target.gameObject.SetActive(false);
    GameObject obj = transform.root.Find("snake_" + name).gameObject;
    obj.SetActive(true);
    obj.transform.position = transform.position;
    gameObject.SetActive(false);
}
```<br><br>保存脚本并运行。可以看到,小蛇呈现了移动走路到苹果模型前,然后停下并吞下苹果的动画。<br>**(7) 添加交互按钮**<br>在 Hierarchy 面板选中 ImageTarget 点击右键后,按"UI→Canvas"创建一个 Canvas。可以看到,除了 Canvas 被创建了以外,还自动生成了一个 EventSystem。 | |

续 表

序号	关键步骤	实 施 要 点	注意事项
7	交互开发	选中 Canvas 点击右键，按"UI→Button"创建一个按钮。这个按钮在 Scene 窗口和 Game 窗口中会同步呈现。在 Scene 窗口中移动这个按钮，在 Game 窗口中也同步呈现按钮位置的变化。 选中 Canvas，在 Inspector 中下图框中的修改选项、参数。（在手机上实现增强现实时，这是较为合适的显示设置。） 在 Hierarchy 中，将 Button 重命名为"Btn_move"，并将其锚点设置为下边居中。 将 Project 里的素材 button_1 拖拽到按钮"button_1"的 Source Image 上，相当于给这个按钮添加皮肤。 选中 Text，在 Inspector 中，将按钮上文字的内容修改为"Move"（如下图所示），并调整文字的字体大小等属性。 若按钮在 Game 窗口中略显偏小，可在 Scene 窗口中，手动将其调试到合适的大小（也可结合 Inspertor 面板调整大小）。 **（8）添加音频组件** 选中 Hierarchy 面板的 GameManager，在 Inspector 窗口中通过"Add Component"添加音频组件"AudioSource"，并将 Play On Awake 的勾去掉。 打开 GameManager 脚本，编写代码。添加一个音频源组件的变量，以及一个数组、一个词典。在 Start 方法中，获取组件。 在 Project 中新建一个文件夹，命名为 Resources，然后将 Audios 文件夹拖到 Resources 文件夹里。在 Start 方法中，通过 Resources.LoadAll 动态加载数组，并通过 for 循环给字典赋值。 在 Project 面板中，将当下场景的名称修改为"day1"，添加 SceneManagement 引用命名空间。在 SnakeMove 方法中，添加代码（如下图所示）。当按下按钮时，播放"Key"音频；当小蛇开始移动时，播放"day1"音频。	

续表

序号	关键步骤	实施要点	注意事项
| 7 | 交互开发 | ```
void SnakeMove()
{
    audioS.clip = myClips[SceneManager.GetActiveScene().name];
    audioS.Play();
    audioS.PlayOneShot(myClips["key"]);
    btn_Move.gameObject.SetActive(false);
    StartCoroutine(StartMove());
}
```<br>**(9) 设置 AR 识别图片**<br>根据项目需求,本项目一共有 5 张识别图片,我们以其中的 Page_day1 为例,演示如何"设置识别图像、呈现增强现实"。<br>在 Project 面板上,选中 Editor 文件夹下的"Page_day1_scaled",对其属性进行调整,将其组件中的 Texture Shape 修改为"2D",然后点击"Apply"。<br>在 Hierarchy 中,选中 AR Camera,点击 Open Vuforia configuration 按钮,将 Datasets 中 Load ARbook Database 和 Activate 的勾打上。<br>将 Project 中的 ImageTarget 拖到 Hierarchy 中。可以看到 ImageTarget 在 Scene 中呈现为一个白色的平面,这是因为此时的 ImageTarget,还未与识别图片进行关联设置。<br>在 Hierarchy 中,选中 ImageTarget,将 Database 修改为"ARbook"(ARbook 即为前期导入的"识别图片数据库 ARbook"),将 ImageTarget 选择为"Page_day1",并按下图调整 Width 和 Height 的参数后,便可以在 Scene 中看到 Page_day1 图片了,调整一下 AR Camera 的位置,然后点击运行。<br><br>至此,Day1 场景下的交互开发完成,Day2、Day3、Day4、Day5 场景的开发过程照此执行即可。 | |
| 8 | 审核修订 | 系统设计开发完成后,必须进行软硬件联合测试。通过使用不同品牌型号的安卓手机安装试玩游戏,观察游戏页面 UI、游戏场景、角色道具、游戏动画的展现效果是否美观。对于系统设计、功能上的不足要进行及时优化。 | |

(三) 实训任务

严格按照实训要求中的标准和规范,并参照实训案例中的操作步骤,完成下面的实训任务。
```

1. 任务内容

参照实训案例《好饿的小蛇》的脚本内容,下载安装所需的 SDK、JDK 和 EasyAR 插件,使用对应的模型、贴图、音效等素材,制作出场景、小蛇、食物等三维模型,并开发小蛇移动、小蛇吞食、字幕音效等交互效果,最终输出对应的 Android 成品文件包。

2. 任务素材

在开始实训任务前,由任课教师提供相关素材。

素 材 类 型	包 含 内 容
脚本	"好饿的小蛇"脚本
素材包	"好饿的小蛇"素材

3. 成品欣赏

完成实训任务后可向任课教师索要成品视频,欣赏此任务对应的项目成品效果。

(四) 实训评价

根据下方评价标准,给自己的实训成果进行打分,每项 10 分,总分 100 分。

序号	评价内容	评 价 标 准	分数
1	模型设计	游戏场景、角色、道具造型设计的美观度	
2		游戏场景、角色、道具的大小搭配是否合适	
3		游戏模型设计的面数、命名是否合适	
4	贴图设计	游戏场景贴图是否契合主题	
5		游戏各角色的贴图是否形象	
6		游戏材质球、贴图、纹理的命名是否符合规范	
7	交互开发	游戏中每天场景的 AR 识别速度	
8		游戏中小蛇移动、小蛇张嘴、小蛇吞食的流畅度	
9		游戏启动、场景切换速度(Day1~Day5)是否流畅	
10		游戏对于不同尺寸安卓手机的适配效果	
	总体评价		

（五）实训总结

遇到的问题 列举在实训任务中所遇到的问题,最多不超过 3 个
解决的办法 实训过程中针对上述问题,所采取的解决办法
个人心得 项目实训过程中所获得的知识、技能或经验

案例 12

VR 垃圾分类游戏项目

一、项目介绍

（一）项目描述

上海市某高校希望基于 VR 软硬件平台，根据上海市最新的垃圾分类标准，开发出用于学生学习实训的垃圾分类游戏。基于学校需求，本项目决定使用三维建模技术，设计出垃圾分类的场景、垃圾筒、垃圾物等内容，并使用 unity 引擎开发对应的软件交互，最终实现垃圾抓取、垃圾丢进垃圾筒、游戏积分计算等功能。

（二）基本要求

垃圾分类判断依据，符合上海市最新的垃圾分类标准。在开始垃圾分类实操前，为用户简单介绍垃圾分类的基本知识。游戏尽可能模拟真实的垃圾投放过程，但交互操作应尽可能简单。游戏过程中要设计一些简单的激励措施，可以让用户获得一定的成就感。

（三）作品形式

整个游戏场景，采用 VR 虚拟现实场景来展现。对于垃圾分类知识的学习，采用图片和语音的形式进行展示讲解；对垃圾分类的操作，使用 VR 头盔配套手柄来实现；游戏激励措施，使用图文或动画简单展示即可。最终打包成 Unity 资源包，可以正常在电脑上运行即可。

二、项目实训

（一）实训要求

1. 制作要求

（1）总体要求

本项目属于数字教育行业，在制作开发中要注重教育行业的特色。

由于本项目成果面向的对象是大学生，因此在交互设计上要考虑年轻人的喜好和习惯。

由于本项目交互功能要用到台式电脑、VR 头盔、手柄等硬件设备，因此需充分考虑设备的功能、性能和操控体验。

（2）模型设计要求

三维模型设计应尽量符合真实物体的形状、大小和比例。

各模型的搭配、摆放要简洁美观，符合现实场景。

(3) 材质设计要求

材质贴图能贴近真实物体的颜色、纹理和视角。

由于纹理贴图能比较均匀地映射到三维物体上,因此贴图接缝要尽可能齐整。

(4) 交互开发要求

交互设计须考虑用户使用的现实情况,如机器所摆放的位置、用户所处空间大小、用户身高等。

交互操作要流畅自然,无掉帧、卡顿等现象。

(5) 其他要求

图片、模型、贴图等素材如来自网络搜集,应尽量选择免费版权的,如遇版权不明的,则需及时记录下来。

实训过程中,需要各位同学互相配合完成的任务,同学们可自行结成任务小组并推出组长,各同学通力合作共同完成实训任务。需要各位同学独立完成的,则要严格要求自行独立完成,不可进行抄袭、借用等行为。

各位学生需在规定课堂时间内完成实训任务,规定时间完不成的则自行在课外完成,并最终在规定时间内提交实训作品。

2. 技术规范

(1) 模型规范

模型位置: 全部物体模型最好站立在原点。没有特定要求下,必须以物体对象中心为轴心。

面数控制: 单个物体面数控制在 1 000 个三角面,单屏展示的物体总面数应控制在 7 500 个三角面以下,系统全部物体面数合计不超过 20 000 个三角面。

模型优化: 合并断开的顶点,移除孤立的顶点,删除多余或者不需要展示的面,能够复制的模型尽量复制,模型绑定之前必须做一次重置变换。

模型命名: 模型命名不能为中文,且不能重名,建议使用物体通用的英文名称或者以汉语拼音命名,以便于项目后期的修改。

(2) 材质规范

材质球命名与物体名称要一致,材质球的父子层级的命名也必须一致;

材质的 ID 号和物体的 ID 号必须一致;

同种贴图必须使用一个材质球;

贴图不能使用中文命名,不能有重名;

带 Alpha 通道的贴图存储为 tga 或者 png 格式,在命名时必须加_al 以示区分;

贴图文件尺寸须为 2 的 N 次方(8、16、32、64、128、256、512、1 024)最大尺寸不得超过 2 048×2 048 像素;

除必须要使用双面材质表现的物体之外,其他物体不能使用双面材质;

若使用 completemap 烘焙,烘焙完成后会自己主动产生一个 shell 材质,必须将 shell 材质变为 standard 标准材质,而且通道要一致,否则不能正确导出贴图;

模型需通过通道处理时需要制作带有通道的纹理,在制作树的通道纹理时,最好将透明部分改为树的主色,这样在渲染时才能使有效边缘部分的颜色正确。通道纹理在程序渲染时占用的资源比同尺寸的普通纹理要多,通道纹理命名时应以_al结尾。

(3) Unity VR 制作要求

文件命名规范:各文件或文件夹需按照对象名称、类型或功能进行统一规范的英文命名,所有资源原始素材统一使用英文小写命名,通过下划线"_"来拼接,预设(Prefab)、图集(Atlas)等处理后的资源,以字母命名大写开头,最终起到清晰明了的作用。

文件管理规范:UI、模型、贴图、材质、场景、脚本、预设体等各类型的资源在创建或归档时,需要放入对应的命名规范的文件夹。

程序编写规范:各种参数、函数、脚本在创建时,可按照对象名称或功能进行英文命名,根据需要在代码后面添加注释,以方便后期查找与修改。

(二) 实训案例

1. 案例脚本

1. 初始视角面对屏幕。
大屏显示:"环境美、生活美、空气美,好的环境需要大家一起呵护!垃圾分一分,环境美十分。今天我们来学习一下垃圾分类吧,点击开始按钮开始学习。"并播放配音。

2. 点击**开始**按钮后,屏幕出现垃圾分类知识:
四类垃圾筒分别对应四个屏幕。(如下图所示)

首先出现干垃圾分类知识:
主要包括废弃食品袋/盒、废弃保鲜膜/袋、废弃纸巾、废弃瓦罐、灰土、烟头、宠物粪便等。
(同时播放干垃圾的介绍),点击**跳过**按钮可直接进入分类投掷操作。

点击**下一页**按钮,向右出现湿垃圾分类知识:
是指在食品加工和消费过程中产生的剩菜剩饭、菜梗、菜叶、瓜果皮核、废弃食物、废弃食用油脂等易腐垃圾。
(同时播放湿垃圾的介绍),点击**跳过**按钮可直接进入分类投掷操作。

续表

> 点击下一页按钮，向右出现可回收垃圾分类知识：
> 是指回收后经过再加工可以成为生产原料或者经过整理可以利用的物品，主要包括废纸类、塑料类、玻璃类、金属类、布料等。
> （同时播放可回收的介绍），点击**跳过**按钮可直接进入分类投掷操作。
>
> 点击下一页按钮，向右出现有害垃圾分类知识：
> 是指存有对人体有害的重金属、有毒的物质或者对环境造成现实危害或者潜在危害的废弃物。包括废电池、有机溶剂类、过期或者废弃药品等。
> （同时播放有害垃圾的介绍）
>
> 点击下一页按钮，出现手柄操作说明：
> 当垃圾出现时，手柄触碰垃圾并扣住扳机键拿起垃圾，抛向垃圾筒的同时松开扳机键即可。
> （同时播放手柄操作说明）
>
> 点击下一页按钮，出现分类规则说明：
> 1）垃圾总数为50个，每出现一个垃圾，总数扣掉一个；
> 2）初始资金有1 000元，每扔错一次，扣除50～100元不等；
> 3）当剩余垃圾数为0，或剩余金额不满50时考核结束。
> （同时播放分类规则说明）
>
> 3. 点击开始按钮，游戏开始：
> 画面正前方倒计时3、2、1。
> 虚拟台面上会出现一个垃圾，用户使用手柄投掷垃圾后，新的垃圾出现在虚拟台面上。
> 投掷后在对应垃圾筒上方出现正确或错误提示的粒子喷射动效。
> 垃圾跟随一个标签帮助用户识别是什么垃圾（比如电池）。
> 同时屏幕中统计正确数量、错误数量、剩余金额、剩余垃圾数量。
> 游戏结束后，出现考核结果内容。

2. 实施步骤

序号	关键步骤	实施要点	注意事项
1	脚本研读	认真阅读脚本的制作要求，提炼重点信息，如信息较多则建议用笔墨或者文档将关键信息摘取记录下来。建模工程师：重点关注模型种类、模型数量、模型风格等相关信息；交互开发工程师：重点关注交互流程、交互信息、交互功能等信息；平面设计工程师：重点关注项目基本需求和所在行业。	
2	素材获取	根据脚本研读的结果，各工程师对所需的素材来源进行分析，并确定哪些素材可以从以往相似项目中直接调用，哪些素材可以在相关网站找到类似的素材并在修改后可以使用，哪些素材需要自行构思制作，并可以从网络上找类似的平面素材以辅助自己构思设计（尤其是三维模型）。 常用三维素材网站：CG模型网、3dwarehouse等 常用二维素材网站：千图网、昵图网等	

续 表

序号	关键步骤	实 施 要 点	注意事项
3	平面设计	根据项目场景需要,设计对应的平面素材。如本项目中进入系统后的主界面、垃圾分类知识的页面、系统操作方法提示界面,以及场景中相关的装饰图纹等。	
4	模型设计	根据脚本研读的结果,设计所需的模型、贴图并设置材质。 **1. 垃圾场景模型设计** 在设计垃圾场景时,应结合实际情况。如果设计市外垃圾场景,则需设计房屋、空地、绿植、道路、灯珠等场景元素。如设计室内垃圾场景,则需设计墙面、地面、天花板等元素。 **2. 垃圾箱模型设计** 在设计垃圾箱时,要注意垃圾箱的材质以及是否有盖的问题。如果设计的垃圾场模型位于室内,则推荐设计更有光泽度的金属垃圾箱。建议垃圾箱不设计盖子,使得后面的交互更简单、更形象。 **3. 垃圾模型设计** 垃圾一般都比较破败废旧,因此在贴图上可以添加发霉、变脏、生锈等纹理,在材质设置上将反射光的强度尽量设的暗淡一些。 **4. 模型的合理摆放** 根据预想场景,合理摆放模型。本项目可以参考现实场景,注意垃圾箱的摆放位置和摆放顺序。	
5	交互开发	**1. 开发环境准备** 点击素材包中的 UnityDownload 文件,下载安装交互开发软件 Unity 2017。由于本项目需要使用到 VR 头盔和手柄等硬件,因此必须为硬件的运行提供必要的运行环境 SteamVR。在项目工程文件下导入 SteamVR,并将其中 Camerabig 文件夹拖入场景中,可参见下图。 | 名称 | 修改日期 | 类型 | 大小 | |---|---|---|---| | SteamVR.Plugin.unitypackage | 2020/10/22 9:32 | UNITYPACKAGE ... | 32,333 KB | | UnityDownloadAssistant-2017.4.3f1 | 2018/12/24 17:27 | 应用程序 | 777 KB | | VRTK 3.1.unitypackage | 2020/10/22 9:32 | UNITYPACKAGE ... | 4,305 KB | 为了提升交互开发的效率,还需在项目文件中导入 VRTK 插件。导入后,在场景下新建一个 VRTK 的空物体,为其添加 VRTK_SDK Manager 组件,并配置好相关参数。 为了实现手柄的交互功能,还需为 VRTK 添加其他脚本组件。首先在 VRTK 对象下再新建两个新物体,将其命名为 LeftController(左手柄)和 RightController(右手柄),并为其添加 VRTK_Controller Events、VRTK_Point 和渲染器组件(直线型渲染器为 VRTK_Straight Pointer Renderer,曲线型渲染器为 VRTK_Bezier Pointer Renderer,左右手柄可各自选择一个)。 **2. 交互素材导入** 在项目工程中导入 UI、模型、音效、特效等资源。模型导入完毕后,可根据场景的呈现效果,适当调整模型的位置,并设置好主镜头的位置。	

序号	关键步骤	实 施 要 点	注意事项
5	交互开发	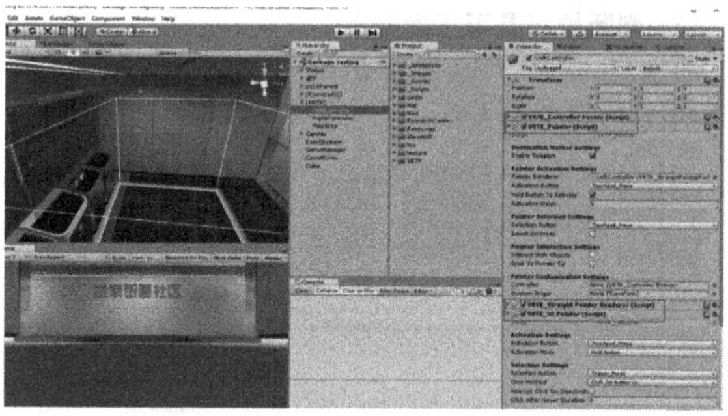 **3. 交互代码开发** **(1) 控制垃圾生成** 使用 random.range()方法从垃圾父物体中随机获取一个垃圾子物体,显示在场景中(代码如下图所示)。 **(2) 垃圾拾放控制** 重写 Grabbed 方法,使手柄抓住垃圾时,关闭垃圾的碰撞体和文字提示,使垃圾处于可以被抓住的状态。重写 UnGrabbed 方法,使手柄松开垃圾时,开启垃圾的碰撞体和文字提示(代码如下图所示)。	

续 表

序号	关键步骤	实 施 要 点	注意事项
| 5 | 交互开发 | **(3) 判断垃圾是否正确分类**<br>通过 OncollisiomEnter 方法，判断垃圾是否正确地被扔进垃圾筒(代码如下图所示)。<br><br>```
private void OnCollisionEnter(Collision collision)
{
    print(collision.gameObject.tag);
    //放进正确的垃圾桶
    if(collision.gameObject.tag == gameObject.tag)
    {
        CreateFX(true, collision.gameObject.tag);
        UImanager.uiManager.totaltrue += 1;
        UImanager.uiManager.text_true.text = UImanager.uiManager.totaltrue.ToString();
        GameManager.gameManager.GetLaji(gameObject);
    }
    else
    {
        //掉到地上
        if(collision.gameObject.tag == "Untagged" || collision.gameObject.tag == "teleportarea")
        {
            //移除刚体组件
            Destroy(gameObject.GetComponent<Rigidbody>());
            //垃圾回到初始位置
            transform.position = orgPosition;
            transform.rotation = orgRosition;
            transform.localScale = orgScale;
            //显示文字提示
            canvas.SetActive(true);
        }
        else //扔进错误的垃圾桶
        {
            CreateFX(false, collision.gameObject.tag);
            UImanager.uiManager.totalwrong += 1;
            UImanager.uiManager.text_wrong.text = UImanager.uiManager.totalwrong.ToString();
            UImanager.uiManager.totalmoney -= Random.Range(1,3)*50;
            UImanager.uiManager.text_money.text = UImanager.uiManager.totalmoney.ToString();
            GameManager.gameManager.GetLaji(gameObject);
        }
    }
}
```<br><br>**4. 硬件配置**<br>结合产品的使用场景，为头盔和手柄划定运动范围，以防止使用过程中遇到障碍物体。 | |
| 6 | 审核修订 | 系统开发完成后，必须进行软硬件联合测试。通过 VR 头盔和手柄，反复执行完整的游戏过程，查看平面、模型、贴图等元素是否完善，测试知识学习、垃圾拾起、垃圾投放等交互过程是否流畅。对于系统设计、功能上的不足要及时进行优化。 | |

(三) 实训任务

严格按照实训要求中的标准和规范，并参照实训案例中的操作步骤，完成下面的实训任务。

1. 任务内容

参照"VR 垃圾分类游戏"的脚本内容，下载安装所需的 unity 软件和插件，使用对应的模型、贴图、UI、音效等素材，制作垃圾场、垃圾箱、垃圾等三维模型，并开发"知识学习""操作学习""拾起垃圾""投入垃圾箱""分类计数"等交互效果，最终输出对应的 Unity 成品文件包。

2. 任务素材

在开始实训任务前，由任课教师提供相关素材。
```

素 材 类 型	包 含 内 容
脚本	"VR垃圾分类游戏"脚本
素材包	"VR垃圾分类游戏"素材

3. 成品欣赏

完成实训任务后可向任课教师索要成品视频,欣赏此任务对应的项目成品效果。

(四) 实训评价

根据下方评价标准,给自己的实训成果进行打分,每项 10 分,总分 100 分。

序号	评价内容	评 价 标 准	分数
1	模型设计	模型的大小、形状、比例是否合适	
2		模型的搭配、摆放是否合理	
3		模型设计的面数是否合适	
4		模型的命名是否规范	
5	贴图设计	材质贴图是否符合物品的特点	
6		材质球、贴图、纹理的命名是否符合规范	
7		贴图的比例、尺寸是否合理	
8	交互开发	交互操作的逻辑是否合理	
9		交互反馈是否流畅	
10		系统常见的运行方式是否稳定	
总体评价			

(五) 实训总结

遇到的问题 列举在实训任务中所遇到的问题,最多不超过 3 个

续表

解决的办法 实训过程中针对上述问题,所采取的解决办法
个人心得 项目实训过程中所获得的知识、技能或经验

案例 13

AR 塔防射击游戏项目

一、项目介绍

(一) 项目描述

上海市某高校基于 AR 技术拟开发一款游戏策划、设计、开发教程为一体的塔防射击类游戏,希望学生通过该教程可以自行开发出本游戏,并在本游戏开发过程中学会 AR 技术的相关知识。

基于学校需求,本项目决定使用三维建模设计出战士、僵尸、机关枪等游戏模型;使用 Unity 引擎开发出移动、射击等交互功能,最终利用 AR 技术和移动端摄像头实现游戏过程与现实空间的融合。

(二) 基本要求

AR 射击游戏整体上采用 3D 游戏风格,使用战士、僵尸、机关枪等模型以呈现较好的效果。游戏设计要一定的闯关效果和奖励措施,使游戏具有一定的趣味性和可玩性。游戏节奏和操作要轻快,可以在 5~10 分钟内结束一局游戏。游戏最终要能在主流配置的手机、平板等移动端流畅运行(游戏开始界面见下图)。

(三) 作品形式

游戏整体上采用 MOBA 类(多人在线战术竞技游戏)游戏形式,并赋予其 AR 技术的呈现效果,让整个游戏场景通过移动端摄像头投射在现实空间中。玩家通过摄像头扫描指定物品启动游戏,游戏开始后多波僵尸持续向战士所在碉堡发起攻击,战士使用机关枪扫射僵尸,在所有僵尸死亡或战士死亡后结束游戏。游戏操作过程中,玩家通过左手摇杆控制战士移动,右手控制射击方向,界面响应位置显示战士和僵尸的血条。游戏最终打包成 Android 资源包,用户在下载安装后即可体验。

二、项目实训

基于本项目 AR 射击游戏的开发需求,设置本项目的实训内容。要求学生按照实训要求,在明确任务素材支持、实施步骤的基础上完成实训任务,并基于自己的实训过程,完成实训评价和实训总结。

(一)实训要求

1. 制作要求

(1)总体要求

由于本项目游戏玩家主要面向的对象是大学生,因此在整体设计风格上要符合大学生的喜好。

本项目游戏场景要尽可能采取无背景或镂空设计,从而使游戏界面与现实空间有更好的融合效果。

由于本项目最终成品要在手机、平板电脑等移动端运行,因此需要充分考虑设备的尺寸和性能。

(2)模型设计要求

三维场景设计要尽可能采用贴近现实的场景,如荒废的公寓、工厂、商船等。

三维角色设计要参考一般人的外形特点,设计出完整的五官、躯干和四肢。

(3)材质设计要求

三维场景的材质要尽可能采用比较灰暗的风格,以体现出萧条破败的景象。

三维角色贴图可参考相关的影视形象,如战士的设计可参考《战狼》,僵尸的设计可参考《釜山行》。

由于纹理贴图能比较均匀地映射到三维物体上,因此贴图接缝要尽可能齐整。

(4)交互开发要求

游戏启动的 AR 扫描图要尽可能设定为比较简单的物品,如游戏启动页的图片等,并在 Unity 开发程序中留好接口,以方便进行二次开发。

游戏中角色的移动、机枪的射击、僵尸的攻击等动态效果应流畅自然,无掉帧、卡顿等现象。

游戏交互的摇杆、按钮的位置设置要合理,以方便成人玩家左右手的操作。交互的灵敏度要尽可能高一些,使玩家可以达到比较快的操作手速。

(5) 其他要求

图片、模型、贴图等素材如来自网络搜集,应尽量选择免费版权的,如遇版权不明的,则需及时记录下来。

实训过程中,需要各位同学互相配合完成的任务,同学们可自行结成任务小组并推出组长,各同学通力合作共同完成实训任务。需要各位同学独立完成的,则要严格要求自行独立完成,不可进行抄袭、借用等行为。

各位学生需在规定课堂时间内完成实训任务,规定时间完不成的则自行在课外完成,并最终在规定时间内提交实训作品。

2. 技术规范

(1) 模型规范

模型位置:全部物体模型最好站立在原点。在没有特定要求下,必须以物体对象中心为轴心。

面数控制:单个物体面数控制在 1 000 个三角面,单屏展示的物体总面数应控制在 7 500 个三角面以下,系统全部物体面数合计不超过 20 000 个三角面。

模型优化:合并断开的顶点,移除孤立的顶点,删除多余或者不需要展示的面,能够复制的模型尽量复制,模型绑定之前必须做一次重置变换。

模型命名:模型命名不能为中文,且不能重名,建议使用物体通用的英文名称或者汉语拼音命名,以便于项目后期的修改。

(2) 材质规范

材质球命名与物体名称要一致,材质球的父子层级的命名也必须一致;

材质的 ID 号和物体的 ID 号必须一致;

同种贴图必须使用一个材质球;

贴图不能以中文命名,不能有重名;

将带 Alpha 通道的贴图存储为 tga 或者 png 格式,在命名时必须加_al 以示区分;

贴图文件尺寸须为 2 的 N 次方(8、16、32、64、128、256、512、1 024)最大尺寸不得超过 2 048×2 048 像素;

除必须要使用双面材质表现的物体之外,其他物体不能使用双面材质;

若使用 completemap 烘焙,则烘焙完成后会自己主动产生一个 shell 材质,此时必须将 shell 材质变为 standard 标准材质,而且通道要一致。否则不能正确导出贴图;

模型通过通道处理时需要制作带有通道的纹理,在制作树的通道纹理时,最好将透明部分改为树的主色,这样在渲染时才能使有效边缘部分的颜色正确。通道纹理在程序渲染时占用的资源比同尺寸的普通纹理要多,通道纹理命名时应以_al 结尾。

(3) Unity 开发规范

文件命名规范:各文件或文件夹需按照对象名称、类型或功能进行统一规范的英文命名,所有资源原始素材统一使用小写命名,通过下划线"_"来拼接,预设(Prefab)、图集

（Atlas）等处理后的资源，命名以大写字母开头，最终起到清晰明了的作用。

文件管理规范：UI、模型、贴图、材质、场景、脚本、预设体等各类型的资源在创建或归档时，需要放入对应的规范命名的文件夹里。

程序编写规范：各种参数、函数、脚本在创建时，可按照对象名称或功能进行英文命名，并根据需要在代码后面添加注释，以方便后期查找与修改。

（二）实训案例

1. 案例脚本

AR 塔防射击游戏设计方案

一、游戏背景：
以真实环境和环境中的识别图作为游戏场景，使用 AR 技术制作一款射击闯关游戏。游戏界面效果如下图所示。

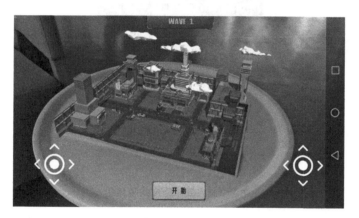

二、游戏内容：
使用相应设备打开游戏，并对准指定的图像、符号等内容进行扫描，设备识别指定内容后会呈现出游戏页面，点击"开始"按钮可启动游戏。

游戏开始前：
我方及敌方（僵尸）的生命值均为满格，僵尸攻击我方人物时，生命值减少，直至为零，游戏失败；敌人以波数的形式向我方进攻，每波由若干僵尸组成。

游戏启动后：
界面上方：敌人（僵尸）波的生命值，随我方的攻击逐渐减少，可减少至零。（注：初始敌人波为 Wave 1，该波生命值降至零后，敌人波为 Wave 2，以此类推，无限模式；我方的生命值设置在我方人物一侧。）
界面左下角摇杆：可控制玩家的移动。
界面右下角摇杆：可控制玩家发射子弹以及发射的方向。
当我方被敌人攻击至生命值为零后，游戏结束，可点击"重新开始"按钮重新启动，或者点击"退出游戏"按钮关闭游戏。

三、交互界面设计：
1. 界面上方：敌人（僵尸）波的生命值，随我方的攻击逐渐减少，可减少至零。（初始敌人波为 Wave 1，该波生命值降至零后，敌人波为 Wave 2，以此类推，无限模式；我方的生命值设置在我方人物的头盔上方。）

续 表

AR塔防射击游戏设计方案
2.界面左下角摇杆：可控制玩家的移动。 左侧摇杆用于控制人物移动。按住摇杆中心按钮，并朝某一方向拖动，人物即可朝该方向移动；松开摇杆，人物停止移动。 3.界面右下角摇杆：可控制玩家发射子弹以及发射的方向。 右侧摇杆用于控制人物射击及射击方向。按住摇杆中心按钮，并朝某一方向拖动，人物即可朝该方向射击；松开摇杆，人物停止射击。 4.界面下方：开始按钮。 **四、角色设计：**  游戏控制人物：持枪武装角色 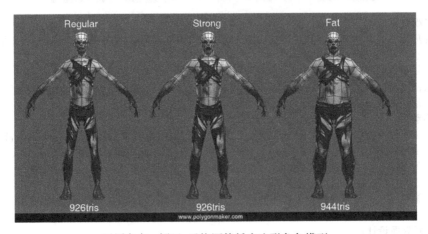 反派角色：僵尸、反抗军等低多边形角色模型 **五、角色动作设计：** 角色位移、持枪动作制作

续 表

AR 塔防射击游戏设计方案
六、场景设计： 游戏建筑环境设计制作、AR 识别图制作（如下图所示） 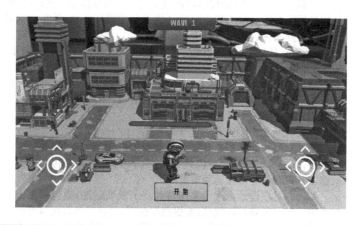

2. 实施步骤

序号	关键步骤	实 施 要 点	注意事项
1	脚本研读	认真阅读脚本的制作要求，提炼重点信息，若信息较多则建议用笔墨或者文档将关键信息摘取记录下来。建模工程师，应重点关注模型种类、模型数量、模型风格等相关信息；交互开发工程师，应重点关注交互流程、交互信息、交互功能等信息；平面设计工程师，重点关注项目基本需求和所在行业。	
2	素材获取	根据脚本研读的结果，各工程师对所需的素材来源进行分析，并确定哪些素材可以从以往相似项目中直接调用，哪些素材可在相关网站找到类似的素材并在修改后可以使用，哪些素材需要自行构思制作，并可以从网络上找类似的平面素材以辅助自己构思设计（尤其是三维模型）。 常用三维素材网站：CG 模型网、3dwarehouse 等 常用二维素材网站：千图网、昵图网等	
3	平面设计	根据任务内容要求，设计对应的平面图像。本项目需要设计工厂、公寓、商船等（三者可任选其一）游戏场景的平面效果图，战士、僵尸两个角色的平面形象（设计 3～5 个僵尸形象，以增加游戏的视觉观感。由于僵尸在游戏中处于运动的状态，所以要设计必要的分镜头形象），机枪、木棒等道具平面造型，以及游戏启动后主界面、游戏结束后主界面、游戏关卡、角色血条、方向摇杆、射击按钮等 UI 素材。	

续表

序号	关键步骤	实施要点	注意事项
4	模型设计	参照二维设计稿,制作所需的三维模型,并附加合适的贴图、材质。 **1. 游戏场景模型设计** 　　根据游戏场景平面草图,设计对应的三维场景模型。设计时,可以参照草图的造型从相关网站寻找类似的模型素材,并在此基础上进行修改;或参照草图进行三维临摹。三维临摹时,可以先按照从左到右、从后到前、从下到上的空间顺序设计建筑的基本造型,然后按照从整体到局部的顺序,补充相关细节。 　　场景模型设计完毕后,开始添加合适的贴图和材质。贴图整体上采用灰黑色的风格,可以添加青苔、裂纹、黑斑等纹理。材质上采用比较昏暗的光泽。 **2. 游戏角色模型设计** 　　角色模型设计。基本参照其平面形象图,按照从整体到局部的顺序设计,可以先设计角色的头颅、躯干和四肢,然后再设计其面部、胸部、臀部等部位的基本轮廓。 　　贴图和材质设计。战士采用特种兵的服装贴图,颜色以黑绿色为主。僵尸需要设计皮肤、衣服两层贴图,皮肤颜色采用黝黑的深色贴图,衣服采用样式破烂的衣服贴图,角色形象整体上形成衣衫褴褛的形象。 **3. 游戏道具模型设计** 　　道具模型设计。参照道具的平面草图,设计机枪、木棒的基本造型,并完善局部结构即可。 　　道具贴图设计。机枪整体采用黑色钢铁的材质,木棒采用原木色贴图材质。	
5	动画制作	**1. 角色骨骼绑定** 　　在进行动画制作之前,先要为动画角色的关键部位绑定骨骼。如若要实现战士射击时有抬枪的动作,则需要在战士角色的手臂关节绑定骨骼。若要实现僵尸有走路和抬手的动作,则需要在僵尸手臂、臀部绑定骨骼。 **2. 角色动画制作** 　　根据角色分镜草图,设计角色关键动作的骨骼造型,并合理设置运动关键帧,从而制作成自然流畅的角色动画。	
6	特效制作	为了使游戏更加生动,可以适当为动画添加视觉特效。如本游戏中可以为机枪射击添加一个火光喷出的视觉特效,为子弹击中僵尸添加一个血液喷出的视觉特效。 　　除视觉特效之外,还可以适当添加音效。如僵尸来临的音效、子弹射击的音效、僵尸死亡的音效等。	
7	交互开发	**1. 开发环境准备** 　　点击素材包中的 UnityDownload 文件,下载安装交互开发软件 Unity 2017。此外,本项目程序开发需要使用脚本编辑器 Visual Studio(简称 VS),电脑上如果没有也需要安装。 **(1) 安装 JDK 和 SDK 软件** 　　由于本项目成果需要发布到 Android 平台,因此还需要安装 JDK 和 SDK 软件。	

续 表

序号	关键步骤	实 施 要 点	注意事项
7	交互开发	安装 JDK 时可以选择自己想要的盘符,只需把默认安装目录\java 之前的目录修改即可(如下图所示)。 安装完 JDK 后需要配置环境变量,配置路径为:计算机→属性→高级系统设置→环境变量。配置方法如下: 系统变量→新建→变量名填写 JAVA_HOME,变量值填写 JDK 的安装目录。 系统变量→选中 Path 变量→编辑,分别新建%JAVA_HOME%\bin 和%JAVA_HOME%\jre\bin 两个变量。 系统变量→新建→变量名填写 CLASSPATH,变量值填写".;%JAVA_HOME%\lib;%JAVA_HOME%\lib\tools.jar"(注意最前面有一点)。 检验是否配置成功,运行 cmd 输入 java-version(java 和-version 之间有空格)。若如图所示,显示版本信息,则说明安装和配置成功。 SDK 的安装很简单,直接将 SDK 这个文件夹放到 Unity 的根目录下即可。 (2) 实现 AR 识别 由于本项目要实现 AR 交互效果,因此需要使用 EasyAR 引擎来搭建 AR 环境。 首先进入官网地址"http://www.easyar.cn",进行注册登录(如下图所示)。	

续 表

序号	关键步骤	实 施 要 点	注意事项
7	交互开发	点击"添加 SDK license key"（如下图所示）。 选择免费的 SDK 类型，输入相应名称，点击确定即可（如下图所示）。 复制 EasyAR SDK 的 key，存好备用（如下图所示）。 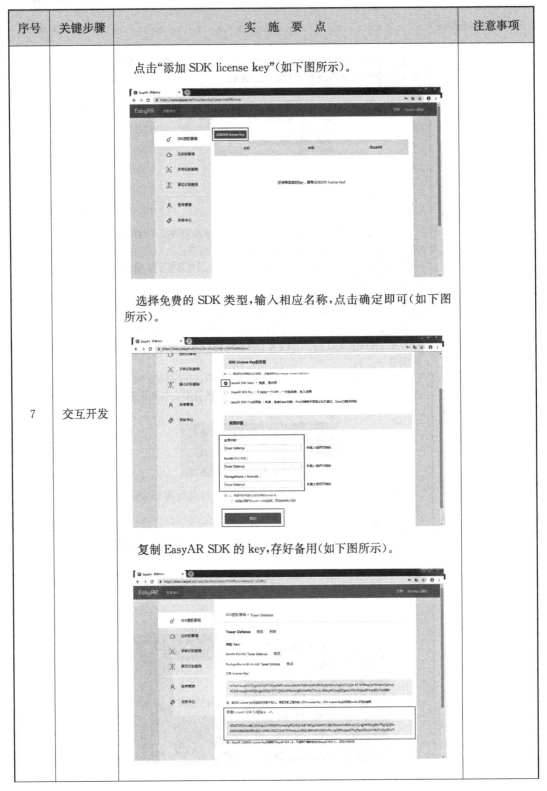	

续 表

序号	关键步骤	实 施 要 点	注意事项
7	交互开发	打开 Unity,创建一个新的工程(如下图所示)。 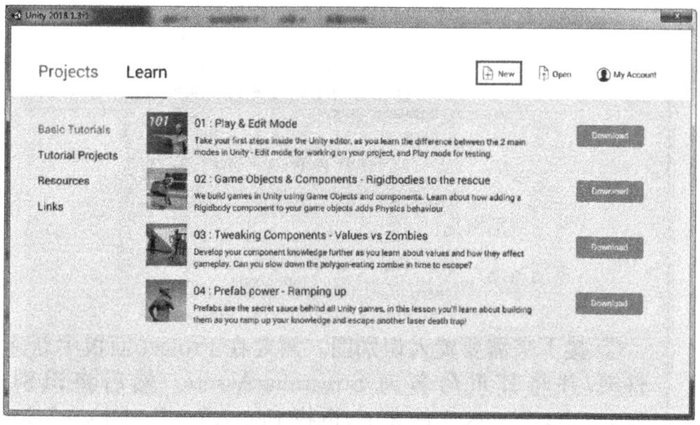 进入"新建工程"页面,添加项目名,并设置保存路径,将模板设置成 3D 样板,完成后点击创建项目即可(如下图所示)。 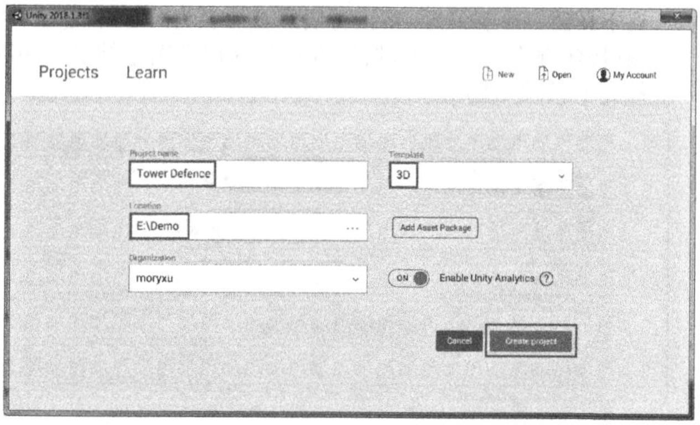 导入 EasyAR 资源包。导入资源包有两种方式:第一种方式是直接将"EasyAR.unitypackage"资源包(任务素材包中的开发插件)拖拽到 Project 工程面板中。在弹出的窗口中单击 All,全部选中,然后单击 Import 进行导入。第二种方式是在 Project 面板单击右键,选择 Import Package→Custom Package,在弹出窗口中选择要导入的素材包并打开,然后同样会弹出一个和上图一样的窗口,单击 All,全部选中,然后单击 Import 进行导入。 导入后,Project 面板中若出现 EasyAR 和 Plugins 这两个文件夹,即说明导入成功。 为了实现 AR 识别功能,还需要进行如下一些系统设置: ① 在 Project 中找到 EasyAR→Prefabs→EasyAR_Startup,将其拖进 Hierarchy 视图面板中。单击 Hierarchy 面板中的 EasyAR_Startup,然后在 Inspector 面板中会显示它的相应属性。找到 Key,此时 Key 是空的,需要将前面复制的 EasyAR SDK 粘贴到这里(如下图所示)。	

续 表

序号	关键步骤	实 施 要 点	注意事项
7	交互开发	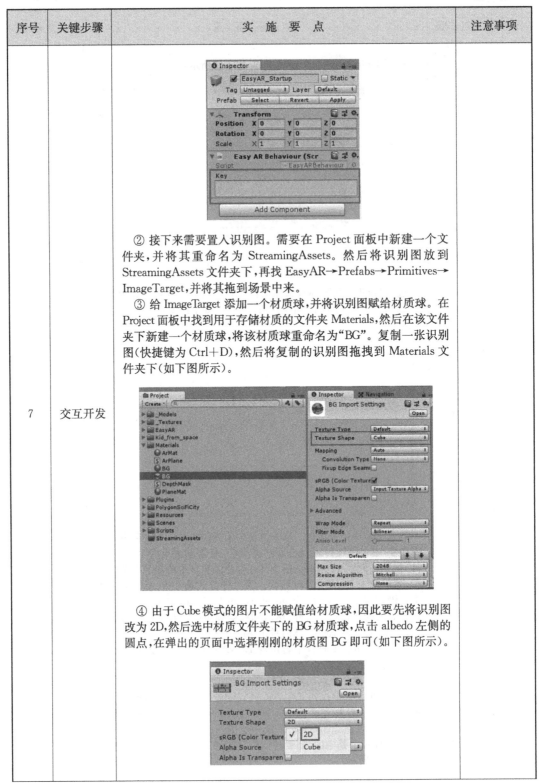 ② 接下来需要置入识别图。需要在 Project 面板中新建一个文件夹,并将其重命名为 StreamingAssets。然后将识别图放到 StreamingAssets 文件夹下,再找 EasyAR→Prefabs→Primitives→ImageTarget,并将其拖到场景中来。 ③ 给 ImageTarget 添加一个材质球,并将识别图赋给材质球。在 Project 面板中找到用于存储材质的文件夹 Materials,然后在该文件夹下新建一个材质球,将该材质球重命名为"BG"。复制一张识别图(快捷键为 Ctrl+D),然后将复制的识别图拖拽到 Materials 文件夹下(如下图所示)。 ④ 由于 Cube 模式的图片不能赋值给材质球,因此要先将识别图改为 2D,然后选中材质文件夹下的 BG 材质球,点击 albedo 左侧的圆点,在弹出的页面中选择刚刚的材质图 BG 即可(如下图所示)。	

序号	关键步骤	实 施 要 点	注意事项
| 7 | 交互开发 | ⑤ 将材质球拖到场景面板中的 ImageTarget 中,然后修改其 ImageTargetBehaviour 组件的 Path、Name、Size 属性。其中 Path 需要带上图片的后缀名。<br>⑥ 当前 ImageTargetBehaviour 组件中的 Loader 属性为 Null,需要在场景中的 EasyAR_Startup 中找到子物体 ImageTracker,然后将其拖拽到 Loader 中,完成后 Loader 中便可显示相应内容。<br>以上步骤完成后,运行项目就可以通过摄像头识别图片了,但现在场景中还没有模型,识别图片后也看不到变化,所以接下来我们要将项目中的玩家模型放到场景中,让摄像头识别图片后,玩家模型便能显示在屏幕上。<br>**2. 交互素材导入**<br>首先在 Project 面板中导入素材资源包"Sucai.unitypakage",导入素材模型资源。在 Project 面板中,选择 Kid_from_space→3D→Meshes→kid_from_space,然后将 kid_from_space 拖拽到刚刚在场景中新建的 GameObject 下,作为它的子物体。此时场景中即可出现人物形象,然后将 kid_from_space 重命名为 Player。<br>如果模型看上去比较小,既可以适当更改它的尺寸大小,也可以通过缩放工具或者直接调整 Scale 参数来修改。<br>运行项目,在摄像头识别图片后,玩家模型便能出现在屏幕中,并能跟随识别图移动,但为了让用户还没识别图像之前,模型不出现在屏幕上,我们只需将场景中的 EasyAR_Startup 移出识别图范围,让摄像机看不到 ImageTarget 即可。<br>**3. 交互代码开发**<br>**(1) 创建玩家控制类**<br>在项目中创建一个人物控制的 C# 脚本,并将其重命名为 PlayerCtrl,便可实现移动摇杆控制玩家模型的移动和旋转功能(如下图所示)。<br><br>```csharp
public class PlayerCtrl : MonoBehaviour {

    private static PlayerCtrl instance;
    public static PlayerCtrl Instance { get { return instance; } }
    void Awake() { instance = this; }

    float moveSpeed = 3f; //移动速度
    Vector3 moveDir = Vector3.zero; //移动方向

    Quaternion qu; //方向
```<br><br>```csharp
    void Update () {
        if (JoyStick.RightDir != Vector3.zero)
        {
            qu = Quaternion.LookRotation(JoyStick.RightDir);
        }
```<br><br>**(2) 添加人物移动动画**<br>通过 Animator 组件控制动画,将资源包中的 PlayerAnim 动画状态控制器拖拽给 Controller 属性,并使用动画控制机或程序条件来设置过渡动画(如下图所示)。 | |

续 表

序号	关键步骤	实 施 要 点	注意事项
| 7 | 交互开发 | （图示：Animator 窗口，Base Layer，Any State、Entry、Shoot、New State）<br><br>```
public class TestAnim : MonoBehaviour {
    Animator ani;
    // Use this for initialization
    void Start () {
        ani = GetComponent<Animator>();
    }
```<br><br>```
void Update () {
    //按下A键，播放Shoot动画
    if(Input.GetKeyDown(KeyCode.A))
    {
        ani.SetBool("IsPlay", true);
    }
}
```<br><br>**(3) 实现僵尸自动寻路**<br>通过 AddComponent 给僵尸子物体添加一个 Box Collider 碰撞器，为僵尸父物体添加导航网格 Nav Mesh Agen(如下图所示)。<br><br>（图示：Unity 编辑器截图）<br><br>创建 C♯脚本控制僵尸移动方向，引用头文件 UnityEngine. AI 获取 Nav Mesh Agent 组件，分别在 Start()和 Update 方法设置僵尸的起始位置和寻路目的地(如下图所示)。<br><br>```
using System.Collections;
using System.Collections.Generic;
using UnityEngine;
using UnityEngine.AI;

public class ZombieCtrl : MonoBehaviour {

    NavMeshAgent agent;

    void Start()
    {
        agent = GetComponent<NavMeshAgent>();
```  |  |
```

续表

序号	关键步骤	实 施 要 点	注意事项
| 7 | 交互开发 | ```
// Update is called once per frame
void Update () {
    //指定目的地
    agent.SetDestination(PlayerCtrl.Instance.transform.position);
}
```<br><br>**(4) 创建僵尸对象池**<br>在 Hierarchy 中创建一个空物体,并将其重命名为 Pool。创建一个对象池管理脚本,并将其命名为 PoolMgr,将该脚本挂载到 Pool 对象上,并在 PoolMgr 脚本中分别写获取僵尸、放回僵尸、更改僵尸外观的方法。<br><br>写获取僵尸 GetZombie()方法,使用 Instantiate()方法创新建的僵尸,用 Resources.Load()方法动态加载僵尸预设(如下图所示)。<br><br>```
public ZombieCtrl GetZombie(int index)
{
    tempZom = null;
    if (zombieList.Count > 0)
    {
        tempZom = zombieList[0];
        zombieList.Remove(tempZom);
    }
    else
        tempZom = (Instantiate(Resources.Load("Prefabs/Zombies/SA_Zombie"), transform)
            as GameObject).AddComponent<ZombieCtrl>();
    tempZom.transform.localScale = new Vector3(2, 2, 2);
```<br><br>写放入僵尸 PutBackZombie()方法,调用 zombielist.Add()方法将场景中消失的僵尸放入对象池(如下图所示)。<br><br>```
public void PutBackZombie(ZombieCtrl zombie)
{
    zombieList.Add(zombie);
}
```<br><br>使用 for()循环语句,替换僵尸的类型和材质(如下图所示)。<br><br>```
Transform model = tempZom.transform.Find("SA_Character");
for(int i = 1; i < model.childCount; i++)
{
    if(i == index)
    {
        model.GetChild(i).gameObject.SetActive(true);
        model.GetChild(i).GetComponent<Renderer>().material.renderQueue = 3000;
    }
    else
    {
        model.GetChild(i).gameObject.SetActive(false);
    }
}
return tempZom;
```<br><br>**(5) 实现僵尸自动生成**<br>首先定义一个变量 waveCount 来记录波数,并添加两个僵尸集合,一个是所有僵尸的集合,另一个是死亡僵尸的集合(如下图所示)。<br><br>```
int waveCount = 0;
//List<Object> prefabs = new List<Object>();
public List<ZombieCtrl> allZombies = new List<ZombieCtrl>();
public List<ZombieCtrl> deadZombies = new List<ZombieCtrl>();
```<br><br>在 ZombieFactory 脚本中创建一个僵尸生成方法 Createzombie(),delay 和 waveDelay 为表示时间间隔的两个变量,count 为每波生成僵尸个数参数(如下图所示)。 | |
```

续表

序号	关键步骤	实施要点	注意事项
7	交互开发	```cs
IEnumerator CreateZombie(int count)
{
    waveCount++;
    deadZombies.Clear();
    UIManager.Instance.SetWaveCount(waveCount);
    UIManager.Instance.SetHpSlider(1);
    yield return waveDelay;
    for(int i = 0; i < count; i++)
    {
        yield return delay;
        Vector2 ran = Random.insideUnitCircle;
        Vector3 pos = new Vector3(ran.x, 0, ran.y);

        float dis = Random.Range(0, 10f);
        pos = pos * dis + pos.normalized * 15;
        Vector3 initPos = pos;
        ZombieData data = ZombieData.GetDataByID(Random.Range(0, 19));
        ZombieCtrl zombie = PoolMgr.Instance.GetZombie(data.ModelIndex);
        zombie.transform.position = initPos;
        zombie.transform.rotation = transform.rotation;
        zombie.InitZombie(data, waveCount);
        allZombies.Add(zombie);
    }
    if(waveCount % 3 == 0)
    {
        Vector3 initPos = transform.position;
        ZombieData data = ZombieData.GetDataByID(20);
        ZombieCtrl zombie = PoolMgr.Instance.GetZombie(data.ModelIndex);
        zombie.transform.position = initPos;
        zombie.transform.rotation = transform.rotation;
        zombie.InitZombie(data, waveCount);
        allZombies.Add(zombie);
    }
}
```

**(6) 添加僵尸移动和攻击动画**

使用资源包中已经做好的僵尸动画状态控制机,通过改变 Speed 参数的值,来改变僵尸的运动状态。重写 ZombieCtrl 脚本,为僵尸添加行走的动画(如下图所示)。

```cs
public class ZombieCtrl : MonoBehaviour {

    NavMeshAgent agent;
    Animator anim;

    void Start()
    {
        agent = GetComponent<NavMeshAgent>();
        anim = GetComponentInChildren<Animator>();
    }
```

```cs
// Update is called once per frame
void Update () {
    anim.SetFloat("Speed", agent.velocity.magnitude / agent.speed);
}
```

重写僵尸寻路 Update()方法,在僵尸行走到指定位置后播僵尸攻击动画(如下图所示)。

```cs
void Update () {
    anim.SetFloat("Speed", agent.velocity.magnitude / agent.speed);
    //攻击间隔
    if (atkSpan > 0)
    {
        atkSpan -= Time.deltaTime;
    }
    //指定目的地
    agent.SetDestination(PlayerCtrl.Instance.transform.position);
    if (Vector3.Distance(transform.position, PlayerCtrl.Instance.transform.position)
        < agent.stoppingDistance)
    {
        if (atkSpan <= 0)
        {
            atkSpan = 2f;
            anim.SetTrigger("Attack");
        }
    }
}
``` | |
```

续 表

序号	关键步骤	实 施 要 点	注意事项
| 7 | 交互开发 | 创建一个用于存放僵尸属性的类,将其重命名为 ZombieData,添加僵尸的血量、伤害值、初始缩放大小、模型下标以及动画类型等各项属性(如下图所示)。<br><br>```csharp
public class ZombieData {
    float maxHp = 20f;
    public float MaxHp { get { return maxHp; } }
    float damage = 35f;
    public int Damage { get { return (int)damage; } }

    float scaleFac = 1;
    public float ScaleFac { get { return scaleFac; } }

    int modelIndex;
    public int ModelIndex { get { return modelIndex; } }

    ZombieType type;
    public ZombieType Type { get { return type; } }
}
```<br><br>添加一个 GetDataByID() 方法,使用参数 ID 来判断僵尸为普通僵尸还是 BOSS 僵尸(如下图所示)。<br><br>```csharp
public static ZombieData GetDataByID(int id)
{
    if(id < 20)
    {
        ZombieData data = new ZombieData();
        data.modelIndex = id + 1;
        data.scaleFac = 1;
        data.type = (ZombieType)(id / 5);
        return data;
    }
    else
    {
        ZombieData data = new ZombieData();
        data.maxHp = 200f;
        data.damage = 50;
        data.modelIndex = id + 1;
        data.scaleFac = 1.5f;
        data.type = (ZombieType)Mathf.Min(id - 20, 3);
        return data;
    }
}
```<br><br>修改生成僵尸的方法,让每一个生成的僵尸都有自己的属性,同时添加一个每 3 波僵尸出一只 BOSS 僵尸的功能(如下图所示)。<br><br>```csharp
IEnumerator CreateZombie(int count)
{
    waveCount++;
    deadZombies.Clear();
    yield return waveDelay;
    for (int i = 0; i < count; i++)
    {
        yield return delay;
        Vector2 ran = Random.insideUnitCircle;
        Vector3 pos = new Vector3(ran.x, 0, ran.y);
        float dis = Random.Range(0, 10f);
        pos = pos * dis + pos.normalized * 15;
        Vector3 initPos = pos;
        ZombieData data = ZombieData.GetDataByID(Random.Range(0, 19));
        ZombieCtrl zombie = PoolMgr.Instance.GetZombie(data.ModelIndex);
        zombie.transform.position = initPos;
        zombie.transform.rotation = transform.rotation;
        allZombies.Add(zombie);
    }
    if (waveCount % 3 == 0)
    {
        //InitBoss
        Vector3 initPos = transform.position;
        ZombieData data = ZombieData.GetDataByID(20);
        ZombieCtrl zombie = PoolMgr.Instance.GetZombie(data.ModelIndex);
        zombie.transform.position = initPos;
        zombie.transform.rotation = transform.rotation;
        allZombies.Add(zombie);
    }
}
``` | |
```

续　表

序号	关键步骤	实　施　要　点	注意事项
7	交互开发	在 ZombieCtrl 脚本中添加一个初始化僵尸属性的方法 InitZombie()，并将 Start 方法中获取寻路组件和动画组件的代码也可以放在该方法中（如下图所示）。 ```csharp
public class ZombieCtrl : MonoBehaviour
{
    float maxHp = 30f;
    float hp = 30f;
    public float MaxHp { get { return maxHp; } }
    public float CurHp { get { return hp; } }
    int damage;
    ZombieData zData; //僵尸属性
    NavMeshAgent agent; //寻路组件
    Animator anim; //动画状态控制机
    Transform model;

    public void InitZombie(ZombieData data, int wave)
    {
        model = transform.GetChild(0);
        agent = GetComponent<NavMeshAgent>();
        anim = GetComponentInChildren<Animator>();
        zData = data;
        anim.SetFloat("ZombieType", (int)zData.Type);
        maxHp = zData.MaxHp * Mathf.Pow(1.3f, wave);
        hp = maxHp;
        damage = (int)(zData.Damage * Mathf.Pow(1.05f, wave));
        StopAllCoroutines();
        StartCoroutine(Init());
    }

    IEnumerator Init()
    {
        agent.enabled = true;
        anim.Play("Motion", 0, 0);
        while(transform.GetChild(0).localScale != Vector3.one)
        {
            model.localScale = Vector3.Lerp(model.localScale,
                Vector3.one * zData.ScaleFac, 20 * Time.deltaTime);
            yield return null;
        }
        agent.SetDestination(new Vector3(transform.position.x, 0, -3f));
    }
```

在 ZombieFactory 脚本中的 CreateZombie()方法中调用初始化僵尸的方法（如下图所示）。<br><br>```csharp
        zombie.transform.rotation = transform.rotation;
        zombie.InitZombie(data, waveCount);
        allZombies.Add(zombie);
    }
    if(waveCount % 3 == 0)
    {
        //InitBoss
        Vector3 initPos = transform.position;
        ZombieData data = ZombieData.GetDataByID(20);
        ZombieCtrl zombie = PoolMgr.Instance.GetZombie(data.ModelIndex);
        zombie.transform.position = initPos;
        zombie.transform.rotation = transform.rotation;
        zombie.InitZombie(data, waveCount);
        allZombies.Add(zombie);
```

（7）给玩家添加武器模型
为玩家模型的右手添加一个空物体 WeaponMgr，并将机枪模型拖拽到空物体上，再修改枪的大小、位置和角度（如下图所示）。在枪的模型下创建一个子物体 GunPoint，并将其移动到枪口位置。 | |

续 表

序号	关键步骤	实 施 要 点	注意事项
| 7 | 交互开发 | **(8) 创建子弹控制及子弹对象池**<br>为玩家创建一个子弹控制脚本，在脚本中定义一个委托，即当子弹击中僵尸就调用僵尸控制类中的扣血方法（如下图所示）。<br><br>```csharp
public class BulletCtrl : MonoBehaviour
{
    event BulletCallBack callBack;
    bool isActive;
    Vector3 baseBulletPos = Vector3.forward * 2f;
    float speed = 80f; //子弹的速度
    Transform bullet;  //子弹轨迹
    GameObject spark;  //枪口火焰
    float sparkDelay = 0.1f;

    ZombieCtrl enemy;//这发子弹的目标敌人;
    Vector3 hitPoint;//命中点
    float lifeTime = 0;
    float damage;//子弹伤害

    void Awake()
    {
        spark = transform.Find("Spark").gameObject;
        bullet = transform.Find("ProjectileSMG");
    }
```<br><br>写一个对子弹属性进行初始化的方法 Int()，并传入子弹生成位置、子弹目标位置、僵尸控制标本、子弹伤害值和委托的回调函数五个参数（如下图所示）。<br><br>```csharp
public void Init(Transform ori, Vector3 tarPos, ZombieCtrl zom, float dam, BulletCallBack cb = null)
{
    callBack = cb;
    damage = dam;

    enemy = zom;
    gameObject.SetActive(true);

    hitPoint = tarPos;

    transform.position = ori.position;
    transform.rotation = ori.rotation;

    lifeTime = Vector3.Distance(transform.position, tarPos) / speed;

    bullet.localPosition = baseBulletPos;

    spark.SetActive(true);
    bullet.gameObject.SetActive(true);
    isActive = true;
}
```<br><br>在 Update 方法中控制火焰和子弹消失（如下图所示）。 | |

续表

序号	关键步骤	实施要点	注意事项
| 7 | 交互开发 | ```csharp
void Update()
{
    lifeTime -= Time.deltaTime;
    sparkDelay -= Time.deltaTime;
    if(isActive)
    {
        if(sparkDelay <= 0) //枪口火焰存活时间结束时，隐藏枪口火焰
        {
            spark.SetActive(false);
        }
        bullet.localPosition += Vector3.forward * Time.deltaTime * speed;
        if(lifeTime <= 0) //当子弹存活时间结束时，隐藏该子弹
        {
            bullet.gameObject.SetActive(false);
            if(callBack != null)
            {
                callBack(enemy, hitPoint, damage);
            }
            Hide();
        }
    }
}
```<br>创建子弹对象池方法，并在子弹回收方法中进行调用（如下图所示）。<br>```csharp
#region 子弹
List<BulletCtrl> bulletList = new List<BulletCtrl>();
BulletCtrl tempBullet = null;//缓存返回的子弹
public BulletCtrl GetBullet()
{
    tempBullet = null;
    if(bulletList.Count > 0)
    {
        tempBullet = bulletList[0];
        bulletList.Remove(tempBullet);
    }
    else
    {
        tempBullet = (Instantiate(Resources.Load("Prefabs/Bullet"), transform)
            as GameObject).AddComponent<BulletCtrl>();
    }
    return tempBullet;
}
public void PutBackBullet(BulletCtrl bullet)
{
    bulletList.Add(bullet);
}
```<br>```csharp
void Hide()//隐藏子弹
{
    gameObject.SetActive(false);
    PoolMgr.Instance.PutBackBullet(this);
}
```<br>**(9) 创建武器管理类**<br>创建一个新的脚本 WeaponMgr，并将其作为单例模式（如下图所示）。<br>```csharp
using System.Collections;
using System.Collections.Generic;
using UnityEngine;
public class WeaponMgr : MonoBehaviour {
    private WeaponMgr() { }
    private static WeaponMgr instance;
    public static WeaponMgr Instance { get { return instance; } }
    void Awake()
    {
        instance = this;
    }
``` | |

序号	关键步骤	实 施 要 点	注意事项
| 7 | 交互开发 | 使用射线来检测一下当前子弹能否击中僵尸,定义一个变量 GunPoint,作为射线起始位置(如下图所示)。<br><br>```
Transform gunPoint;
void Awake()
{
    instance = this;
    gunPoint = transform.GetChild(0).Find("GunPoint");
}
```<br><br>写子弹发射方法 Shoot(),发射一条射线,规定射线最大距离为 80。如果在这距离之内射线碰到僵尸,通过回调方法调用其扣血的方法(如下图所示)。<br><br>```
Ray ray;
RaycastHit hitInfo;
void Shoot()
{
    ray = new Ray(gunPoint.position - gunPoint.forward * 1.5f, gunPoint.forward);
    Vector3 hitPoint;
    BulletCtrl tempB = PoolMgr.Instance.GetBullet();
    if(Physics.Raycast(ray, out hitInfo, 80))
    {
        Debug.Log(hitInfo.collider.name);
        hitPoint = hitInfo.point;
        tempB.Init(gunPoint, hitPoint, hitInfo.collider.GetComponentInParent<ZombieCtrl>(), 10);
    }
    else
    {
        hitPoint = ray.GetPoint(80);
        tempB.Init(gunPoint, hitPoint, null, 0);
    }
}
```<br><br>在子弹初始化方法 Init()中有一个子弹伤害值的参数,我们可以根据需求填一个任意的数值,也可以添加一个新的方法 CalDamage(),给子弹增加一个暴击的设定。该方法返回一个 float 类型的值,在 0~8 之间随机生成一个数,如果该数<3,则产生暴击,伤害值为基础伤害值的 1.5 倍。然后用该方法替换子弹初始化方法中的固定参数(如下图所示)。<br><br>```
float CalDamage()
{
    float result = 0;
    result = 10f;
    if(Random.Range(0, 9) < 3)
    {
        result *= 1.5f;
    }
    return result;
}
```<br><br>在 WeaponMgr 脚本中创建一个方法,用于调用僵尸扣血的方法 GetHit()。当子弹击中僵尸时,将这个方法作为回调参数 BulletCallBack 传入 Init()中。最后还需将 GetHit()传入 Init()(如下图所示)。 | |
```

续 表

序号	关键步骤	实施要点	注意事项
| 7 | 交互开发 | ```
void HitZombie(ZombieCtrl zom, Vector3 point, float damage)
{
    zom.GetHit(point, damage);
}
```<br><br>```
if(Physics.Raycast(ray, out hitInfo, 80))
{
    Debug.Log(hitInfo.collider.name);
    hitPoint = hitInfo.point;
    tempB.Init(gunPoint, hitPoint, hitInfo.collider.GetComponentInParent<ZombieCtrl>(),
        CalDamage(), HitZombie);
}
```<br><br>**(10) 实现子弹发射功能**<br>首先在 PlayerCtrl 脚本中添加一个开枪的方法 AimAndFire()，并调用 WeaponMgr 脚本中的 Fire()方法(如下图所示)。<br><br>```
void AimAndFire()
{
    WeaponMgr.Instance.Fire();
}
```<br><br>在 PlayerCtrl 脚本中的 Update()方法中，通过 if 函数判断摇杆参数 JoyStick.RightH 参数是否为 true，调用 AimAndFire()方法(如下图所示)。与此同时，创建一个计时器，让子弹每隔一段时间才能生成下一个。<br><br>```
float tempFireInterval;
void Update()
{
    Debug.DrawLine(transform.position, transform.position + JoyStick.RightDir);
    if(JoyStick.RightDir != Vector3.zero)
    {
        qu = Quaternion.LookRotation(JoyStick.RightDir);
    }
    transform.GetChild(0).rotation = Quaternion.Slerp(transform.GetChild(0).rota
    tempFireInterval -= Time.deltaTime;
    if(JoyStick.RightHold)
    {
        if(tempFireInterval <= 0)
        {
            tempFireInterval = 0.15f;
            AimAndFire();
        }
    }
}
```<br><br>在 WeaponMgr 脚本的单例中，使用音频播放组件 AudioSource 和音频片段组件 AudioClip，并在 Fire()方法中添加播放音频的方法 PlayOneShot()(如下图所示)。<br><br>```
public class WeaponMgr : MonoBehaviour
{
    private WeaponMgr() { }
    private static WeaponMgr instance;
    public static WeaponMgr Instance { get { return instance; } }
    AudioSource gunAudio;//播放枪声
    AudioClip gunShotClip;
    Transform gunPoint;
    void Awake()
    {
        instance = this;
        gunAudio = GetComponent<AudioSource>();
        gunShotClip = Resources.Load("Audio/GunShot") as AudioClip;
        gunPoint = transform.GetChild(0).Find("GunPoint");
    }
}
``` |  |
```

续表

序号	关键步骤	实施要点	注意事项
| 7 | 交互开发 | ```csharp
public void Fire()
{
    gunAudio.PlayOneShot(gunShotClip);
    Shoot();
}
```<br><br>在状态控制机 PlayerAnim 的 Base Layer 层中新增一个 State 片段并命名为 shoot，并将资源库中的 QuickShoot 动画片段赋值给 Shoot 的 Motion 属性（如下图所示）。<br><br>```csharp
Animator anim;
Transform gunPoint;
void Awake()
{
    instance = this;
    anim = transform.root.GetChild(0).GetComponent<Animator>();
    gunAudio = GetComponent<AudioSource>();
    gunShotClip = Resources.Load("Audio/GunShot") as AudioClip;
    gunPoint = transform.GetChild(0).Find("GunPoint");
}
//BulletCtrl tempB;//当前子弹的缓存
public void Fire()
{
    gunAudio.PlayOneShot(gunShotClip);
    anim.Play("Shoot");
    Shoot();
}
```<br><br>**(11) 创建血花属性类和血花对象池**<br>创建一个血花控制脚本"BloodCtrl"，调用粒子系统并进行一些初始化操作。<br>首先获取粒子系统组件，定义一个 float 类型的变量 lifeTime，用以表示这个粒子的生命周期，以及一个 bool 型变量 isActive，用以表示该粒子特效是否被激活（如下图所示）。<br><br>```csharp
public class BloodCtrl : MonoBehaviour
{
    ParticleSystem ps;
    void Awake()
    {
        ps = GetComponent<ParticleSystem>();
    }
}
```<br><br>```csharp
public class BloodCtrl : MonoBehaviour
{
    ParticleSystem ps;
    float lifeTime = 0;
    bool isActive;
```<br><br>定义一个初始化方法——Init()，这个方法需要传入两个参数，第一个参数是要给克隆出来的粒子设置一个父物体，第二参数则是克隆出来的位置（如下图所示）。 | |

续 表

序号	关键步骤	实施要点	注意事项
| 7 | 交互开发 | ```csharp
public void Init(Transform parent, Vector3 pos)
{
    isActive = true;
    transform.position = pos;
    transform.rotation = parent.rotation;
    transform.SetParent(parent);

    ps.Play();
    lifeTime = ps.main.duration;
}
```<br>写 Update 方法,当 isActive 为 true 时,且粒子的生命周期结束,则解除它与父物体之间的父子关系(如下图所示)。<br>```csharp
void Update()
{
    if(isActive)
    {
        lifeTime -= Time.deltaTime;
        if(lifeTime <= 0)
        {
            transform.SetParent(null);
            isActive = false;
        }
    }
}
```<br>在 PoolMgr 脚本中创建血花对象池,并在 BloodCtrl 脚本中修改 Update 方法,当血花生命周期结束后,将该使用过的血花重新放回池子里(如下图所示)。<br>```csharp
#region 血特效
List<BloodCtrl> bloodList = new List<BloodCtrl>();
BloodCtrl tempBlood = null;
public BloodCtrl GetBlood()
{
    tempBlood = null;
    if(bloodList.Count > 0)
    {
        tempBlood = bloodList[0];
        bloodList.Remove(tempBlood);
    }
    else
    {
        tempBlood = (Instantiate(Resources.Load("Prefabs/Blood"))
            as GameObject).AddComponent<BloodCtrl>();
    }
    return tempBlood;
}
public void PutBackBlood(BloodCtrl blood)
{
    bloodList.Add(blood);
}
#endregion
```<br>```csharp
void Update()
{
    if(isActive)
    {
        lifeTime -= Time.deltaTime;
        if(lifeTime <= 0)
        {
            transform.SetParent(null);
            isActive = false;
            PoolMgr.Instance.PutBackBlood(this);
        }
    }
}
``` | |

序号	关键步骤	实　施　要　点	注意事项
| 7 | 交互开发 | **（12）实现僵尸受伤功能**<br>重写僵尸受伤方法 GetHit()，其中的参数 point 和 damage 分别代表射线击中僵尸的位置和子弹的伤害值（如下图所示）。<br><br>```
//受伤时调用的方法
public void GetHit(Vector3 hitPoint, float damage)
{
    if (hp > 0)
    {
        hp -= damage;
        if (hp <= 0)
        {
            hp = 0;
            if (isAlive)
            {
                Die();
            }
        }
        Debug.Log("僵尸受到 " + damage + "点攻击,剩余血量 " + hp);
    }
    //死亡时调用的方法
    void Die()
    {
```<br><br>在 GetHit()中获取血花对象池中的血花对象，将血花特效克隆在受伤对象的受伤部位（如下图所示）。<br><br>```
            Die();
        }
    }
    Debug.Log("僵尸受到 " + damage + "点攻击,剩余血量 " + hp);
    PoolMgr.Instance.GetBlood().Init(transform, hitPoint);
}
void Die()
```<br><br>```
//受伤时调用的方法
public void GetHit(Vector3 hitPoint, float damage)
{
    if (hp > 0)
    {
        hp -= damage;
        if (hp <= 0)
        {
            hp = 0;
            if (isAlive)
            {
                Die();
            }
        }
        Debug.Log("僵尸受到 " + damage + "点攻击,剩余血量 " + hp);
    }
    //死亡时调用的方法
    void Die()
    {
    }
}
``` | |
```

续表

序号	关键步骤	实　施　要　点	注意事项
| 7 | 交互开发 | 在 GetHit()方法中创建一个 float 变量 hitDis,用来表示击退效果持续的时间(受到的伤害越高,击退时间越长)(如下图所示)。<br><br>```
float hitDis;
//受伤时调用的方法
public void GetHit(Vector3 hitPoint, float damage)
{
    if (hp > 0)
    {
        hp -= damage;
        hitDis = 0.1f * damage / 10;
```<br><br>在 Update()方法中通过这个变量来判断僵尸是否被击退,并在 GetHit()方法中添加播放击退动画的代码,在 hitDis 受伤持续时间结束后,返回正常行走动画(如下图所示)。<br><br>```
if(hitDis > 0)
{
    Vector3 moveDir = (transform.position - PlayerCtrl.Instance.transform.position)
        .normalized * Time.deltaTime * 3;
    transform.Translate(moveDir, Space.World);
    hitDis -= moveDir.magnitude;
}
```<br><br>```
//受伤时调用的方法
public void GetHit(Vector3 hitPoint, float damage)
{
    if (hp > 0)
    {
        hp -= damage;
        anim.SetBool("GetShot", true);
        hitDis = 0.1f * damage / 10;
```<br><br>```
//受伤时调用的方法
public void GetHit(Vector3 hitPoint, float damage)
{
    if (hp > 0)
    {
        hp -= damage;
        anim.SetBool("GetShot", true);
        hitDis = 0.1f * damage / 10;
```<br><br>(13) 实现僵尸死亡功能<br>重写 Die()方法,让 Bool 参数 isAlive 等于 false,同时停止寻路,然后还需要播放死亡的动画(如下图所示)。<br><br>```
void Die()
{
    Debug.Log("Die");
    isAlive = false;
    anim.SetTrigger("Dead");
    agent.Stop();
}
```<br><br>在僵尸工厂类 ZombieFactory 中添加一个方法 ReMoveDide(),将死亡的僵尸从当前波数生成的僵尸集合中移出,并在 ZombieCtrl 脚本的 Die()方法中调用该方法(如下图所示)。 | |
```

续 表

序号	关键步骤	实 施 要 点	注意事项
7	交互开发	```
public void RemoveOnDie(ZombieCtrl zom)
{
    allZombies.Remove(zom);
    deadZombies.Add(zom);
    if (allZombies.Count <= 0)
    {
        StartCoroutine(CreateZombie(15));
    }
}
```

```
public void RemoveOnDie(ZombieCtrl zom)
{
    allZombies.Remove(zom);
    deadZombies.Add(zom);
    if (allZombies.Count <= 0)
    {
        StartCoroutine(CreateZombie(15));
    }
}
```

创建一个协程，让它在僵尸死亡 1.5 秒后开启，隐藏死亡僵尸身上的碰撞器和寻路组件（如下图所示）。

```
//死亡时调用的方法
void Die()
{
    Debug.Log("Die");
    isAlive = false;
    anim.SetTrigger("Dead");
    agent.Stop();
    ZombieFactory.Instance.RemoveOnDie(this);
    StartCoroutine(RealDie());
}

WaitForSeconds deadDelay = new WaitForSeconds(1.5f);
IEnumerator RealDie()
{
    yield return deadDelay;
    boxCol.enabled = false;
    agent.enabled = false;
}
```

创建一个协程 BoryCor()，通过循环修改僵尸的 Y 轴，实现僵尸缓缓下沉的效果，同时在最后将这个彻底死亡的僵尸放回对象池中，在 RealDie() 中等待 8 秒调用这个协议（如下图所示）。

```
WaitForSeconds buryDelay = new WaitForSeconds(8f);
IEnumerator RealDie()
{
    yield return deadDelay;
    boxCol.enabled = false;
    agent.enabled = false;
    yield return buryDelay;
    StartCoroutine(BuryCor());
}

IEnumerator BuryCor()
{
    while(transform.position.y > -1f)
    {
        transform.position -= Vector3.up * Time.deltaTime * 0.03f;
        yield return null;
    }
    model.localScale = Vector3.zero;
    PoolMgr.Instance.PutBackZombie(this);
}
``` | |
```

续表

序号	关键步骤	实 施 要 点	注意事项
7	交互开发	**(14) 制作游戏关卡并绑定脚本** 首先在 Hierarchy 面板的 Canvas 中创建一个空物体,命名为"InfoPanel",并修改它的锚点,使其位于上边框的中心点(如下图所示)。 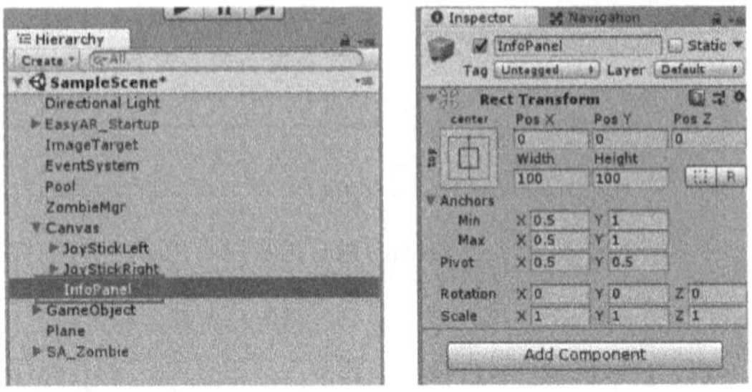 在 InfoPanel 下创建一个 Image 组件,命名为"HPTotalBG"。再在 HPTotalBG 下创建一个 Image 组件,命名为"HPValue"。然后,分别将 Texture 文件夹中的"wave_bg"和"wave_HP"赋值给 Source Image 并修改它的大小和位置(如下图所示)。 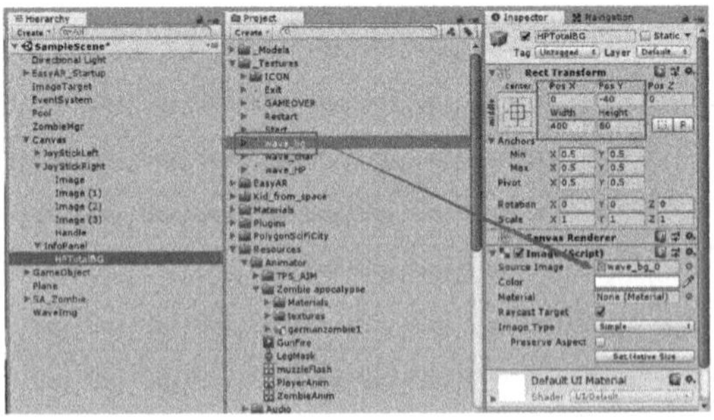 修改 HPValue 的 Image 组件中的 Image Type 属性,使 Game 视图中的关卡数字有所变化(如下图所示)。 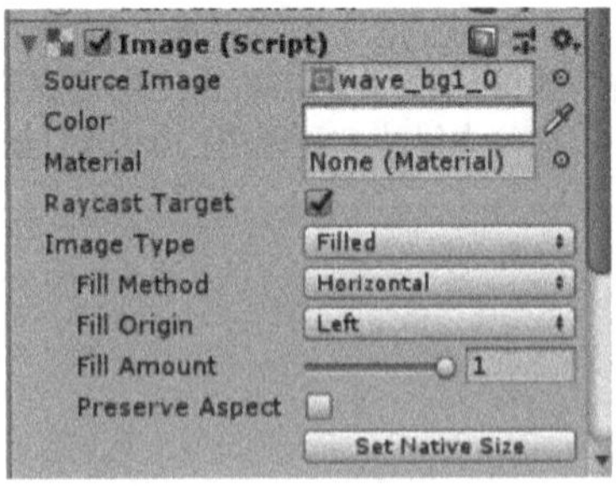 在 InfoPanel 下再创建一个 Image 组件,将其命名为"WaveImg"。将_Texture 文件夹中的"wave_char_0"赋值给 WaveImg 的 Source Image 属性。修改 WaveImg 的位置,并使用图片的原始大小(如下图所示)。	

续 表

序号	关键步骤	实 施 要 点	注意事项

7	交互开发	接着在 InfoPanel 下再创建一个 Text 组件,将其命名为"WaveText", 然后调整它的位置和大小,还有颜色(如下图所示)。
		
		这样 UI 就制作完成了,然后开始绑定脚本。创建 UI 管理脚本 UIManager,并将其挂载到场景中的 Canvas 下。编辑 UIManager 脚本,先做成单例模式,然后要在脚本中获取 UI 组件(如下图所示)。
		
		``
		Button startBtn; //开始按钮
		Text waveText; //波数
		Image hpImg; //关卡血条
		
		void Start()
		{
		    startBtn = transform.Find("StartPanel").Find("StartBtn").GetComponent<Button>();
		    waveText = transform.Find("InfoPanel").Find("WaveText").GetComponent<Text>();
		    hpImg = transform.Find("InfoPanel/HPTotalBG/HPValue").GetComponent<Image>();
		}
		``
		
		在 UIManager 脚本中创建一个 StartGame()方法,让开始按钮监听这个方法,当开始按钮被按下时,隐藏按钮(如下图所示)。
		
		``
		void Start()
		{
		    startBtn = transform.Find("StartPanel").Find("S
		    waveText = transform.Find("InfoPanel").Find("Wa
		    hpImg = transform.Find("InfoPanel/HPTotalBG/HPV
		
		    startBtn.onClick.AddListener(StartGame);
		}
		
		void StartGame()
		{
		    startBtn.gameObject.SetActive(false);
		}
		``	

续表

序号	关键步骤	实 施 要 点	注意事项
| 7 | 交互开发 | 修改 ZombieFactory 脚本,并将其添加一个新的方法 GameStart(),删除 Start()中开启协程的代码,这样只有 GameStart()被调用,才会开始生成僵尸(如下图所示)。<br><br>```csharp
public void GameStart()
{
    StartCoroutine(CreateZombie(15));
}
```<br><br>完善 StartGame()方法,实现只有当开始按钮按下后,才会生成僵尸(如下图所示)。<br><br>```csharp
void StartGame()
{
    Debug.Log("GameStart");
    ZombieFactory.Instance.GameStart();
    startBtn.gameObject.SetActive(false);
}
```<br><br>在 UIManager 脚本中,添加一个新的方法 SetWaveCount(),直接修改 Text 里面的文本内容,实现关卡 UI 中僵尸波数的变换,并在每波僵尸生成前调用,即在 ZombieFactory 的 CreateZombie() 协程中调用(如下图所示)。<br><br>```csharp
public void SetWaveCount(int count)
{
    waveText.text = count.ToString();
}
```<br><br>```csharp
IEnumerator CreateZombie(int count)
{
    waveCount++;
    deadZombies.Clear();
    UIManager.Instance.SetWaveCount(waveCount);
```<br><br>最后是关卡血条,在 UIManager 脚本中添加一个新的方法 SetHpSlider(),获取当前所有僵尸的血量处于他们总血量的比例,即为当前关卡的血量(如下图所示)。这个方法需要僵尸生成和僵尸受伤时调用。<br><br>```csharp
public void SetHpSlider(float value)
{
    hpImg.fillAmount = value;
}
```<br><br>```csharp
IEnumerator CreateZombie(int count)
{
    waveCount++;
    deadZombies.Clear();
    UIManager.Instance.SetWaveCount(waveCount);
    UIManager.Instance.SetHpSlider(1);
    yield return waveDelay;
    for(int i = 0; i < count; i++)
``` | |

序号	关键步骤	实 施 要 点	注意事项
7	交互开发	在 ZombieFactory 脚本中创建一个新的方法 GetHpPercent()。该方法会返回一个 float 类型的小数,表示所有僵尸的当前血量与总血量的比例。最后在 ZombieCtrl 脚本中的 GetHit() 方法中调用 SetHpSlider() 方法,传入的参数即是 GetHpPercent() 方法返回的小数(如下图所示)。 **(15) 添加玩家血条并绑定 UI** 在 GameObject 对象下创建一个 Canvas,在这个 Canvas 下创建一个 Slider 滑动条组件,并用它来当做玩家的血条。修改 Canvas 的 Render Mode 为 World Space 模式,修改这个 Canvas 的 Width 和 Height 以及位置和旋转等属性,让它始终位于玩家头顶。 修改滑动条的基本属性,首先将滑动头 Handle Slider Area 删掉,然后将滑动条的颜色修改为红色,最后将 Slider 组件下的 Value 值修改为 1,实现视图中预览血条。为了使血条显示准确,当 Value=1 时,修改 Fill Area 的大小,使它填满整个区域。当 Value=0 时,让 Fill Area 的 Width 为 0。 在 PlayerCtrl 脚本中,定义玩家的血量,并获取 UI 血条。然后再添加一个方法 GetHit(),当玩家受到伤害时调用(如下图所示)。	

续 表

序号	关键步骤	实 施 要 点	注意事项
7	交互开发	```csharp
using UnityEngine;
using UnityEngine.UI;

public class PlayerCtrl : MonoBehaviour {
    private static PlayerCtrl instance;
    public static PlayerCtrl Instance { get { return instance; } }
    void Awake() { instance = this; }

    float moveSpeed = 2f; //移动速度
    Vector3 moveDir = Vector3.zero; //移动方向
    Quaternion qu; //方向
    float tempFireInterval; //子弹发射间隔
    Animator anim;

    public int Hp; //玩家总生命值
    int currentHp; //玩家当前生命值
    public Slider playerSlider; //血条

    // Use this for initialization
    void Start () {
        anim = transform.GetChild(0).GetComponent<Animator>();
        Hp = currentHp = 500;
        playerSlider.value = (float)currentHp / Hp;
    }

    public void GetHit(int damage)
    {
        Debug.Log("玩家受到攻击,损失 " + damage + " 点生命值");
        currentHp -= damage;
        playerSlider.value = (float)currentHp / Hp;
    }
```

接着在 ZombieCtrl 脚本中添加当僵尸攻击玩家时就调用 PlayerCtrl 的 GetHit()方法(如下图所示)。

```csharp
//指定目的地
agent.SetDestination(PlayerCtrl.Instance.transform.position);
if (Vector3.Distance(transform.position, PlayerCtrl.Instance
{
    if (atkSpan <= 0)
    {
        atkSpan = 2f;
        anim.SetTrigger("Attack");
        HitPlayer();
    }
}

public void HitPlayer()
{
    PlayerCtrl.Instance.GetHit(damage);
}
```

最后给 PlayerCtrl 脚本中的 playerSlider 进行赋值,这样血条的制作和绑定就完成了(如下图所示)。 | |
```

续 表

序号	关键步骤	实 施 要 点	注意事项
8	审核修订	系统设计开发完成后,必须进行软硬件联合测试。通过使用不同品牌型号的安卓手机安装并试玩游戏,以此来观察游戏页面UI、游戏场景、角色道具、游戏动画的展现效果是否美观,测试方向控制、开枪射击等交互过程是否流畅稳定。对于系统设计、功能上的不足要及时进行优化。	

(三) 实训任务

严格按照实训要求中的标准和规范,并参照实训案例中的操作步骤,完成下面的实训任务。

1. 任务内容

参照"AR 塔防射击游戏"的脚本内容,下载安装所需的 SDK、JDK 和 EasyAR 插件,使用对应的模型、贴图、音效等素材,制作建筑、战士、僵尸、机枪、棍棒等三维模型,并开发角色移动、机枪射击、棍棒攻击等交互效果,最终输出对应的 Android 成品文件包。

2. 任务素材

在开始实训任务前,由任课教师提供相关素材。

素材类型	包含内容
脚本	"AR 塔防游戏"脚本
素材包	"AR 塔防游戏"素材

3. 成品欣赏

完成实训任务后可向任课教师索要成品视频,欣赏此任务对应的项目成品效果。

(四) 实训评价

根据下方评价标准,给自己的实训成果进行打分,每项 10 分,总分 100 分。

序号	评价内容	评 价 标 准	分数
1	模型设计	游戏场景、角色、道具造型设计的美观度	
2		游戏场景、角色、道具的大小搭配是否合适	
3		游戏模型设计的面数、命名是否合适	

续 表

序号	评价内容	评价标准	分数
4	贴图设计	游戏场景贴图与主题的契合度	
5		游戏各角色的贴图是否形象	
6		游戏材质球、贴图、纹理的命名是否符合规范	
7	交互开发	游戏启动时AR的识别速度	
8		游戏中玩家控制、开枪射击的流畅度	
9		游戏中角色行走、攻击、受伤、死亡的动画流畅度	
10		游戏对于不同尺寸安卓手机的适配效果	
总体评价			

(五)实训总结

遇到的问题 列举在实训任务中所遇到的问题,最多不超过3个
解决的办法 实训过程中针对上述问题,所采取的解决办法
个人心得 项目实训过程中所获得的知识、技能或经验

案例 14

数字出版物制作发布虚拟仿真实验平台项目

一、项目介绍

（一）项目描述

河南省某大学希望基于数字出版物的制作发布，而开发出一个虚拟仿真实验平台，进而比较完整地帮助使用者实现对数字出版知识的学习与评测、对实验目的原理的阅读与学习、对主题作品的创作与发布等。基于客户提供的素材和制作需求，本项目决定首先制作规划出平台的各个场景、页面及内容的架构，其次制作出各页面内容的所有平面素材，最后使用 Unity 引擎开发对应的交互功能。

（二）基本要求

根据产品规划，本项目将包括启动登录、页面索引、操作实践三大场景。其中启动登录的主要功能为用户输入账号和密码信息，页面索引的主要功能为用户浏览相关的知识、概述及作品信息，操作实践的主要功能为用户调用素材库素材制作数字出版作品。各场景内页面均采用扁平化科技风的设计风格，页面功能要交互流畅、准确、稳定。项目最终成果打包为 HTML5，适用于各主流浏览器的应用。

（三）作品形式

用户输入平台网址后进入启动页面，页面上显示学校名称、实验名称及启动按钮。点击启动按钮后便会进入提醒用户输入账号与密码的登录页面，用户输入正确账号与密码后点登录按钮登录。成功登录后进入系统菜单页面，页面显示实验简介、理论学习、操作实践、成品管理四大菜单图标。点击菜单图标后进入对应的功能页面，每个菜单包含了多个功能页面。其中，实验简介包括实验背景、实验目的、实验特色等页面；理论学习包含策划组稿、内容制作、审核校对等页面；操作实践包含封面、章首页、内容页、封底四大排版设计区，每个功能区都可以调用背景、文字、形状、装饰等组件。成品发布包含成品排序、成品预览、成品发布三个功能页面。项目成果最终打包为 HTML5 资源包，挂载到服务器后便可以通过 windows 浏览器进行访问。

二、项目实训

(一) 实训要求

1. 制作要求

（1）总体要求

本项目属于数字出版行业，在制作开发中应注重文化行业特色。

由于本项目最终成果的面向对象为成人，因此在界面风格、交互方式设计上要符合成人习惯。

由于本项目最终会在 windows 系统的 WEB 端应用，因此在系统设计开发上要符合 WEB 的阅读与交互习惯。

（2）平面设计要求

所有页面统一采用扁平化设计风格，并能体现网络化、数字化和智能化的特点。

页面整体采用蓝绿色、白色、橙色三色设计，蓝绿色作为背景，白色作为各级主题、橙色表示激活状态。整体风格上要简洁、大方、美观。

（3）交互开发要求

交互设计要符合日常人的行为习惯，点击操作响应要迅速。

系统要稳定，在启动、退出时速度快，且无闪退现象。

（4）其他要求

图片、图标、字体等素材如来自网络搜集，应尽量选择免费版权的，如遇版权不明的，则需及时记录下来。

实训过程中，需要各位同学互相配合完成的任务，同学们可自行结成任务小组并推出组长，各同学通力合作共同完成实训任务。需要各位同学独立完成的，则要严格要求自行独立完成，不可进行抄袭、借用等行为。

各位学生需在规定课堂时间内完成实训任务，规定时间完不成的则自行在课外完成，并最终在规定时间内提交实训作品。

2. 技术规范

（1）平面制作规范

图片规范：所有页面背景图片统一采用 1 920×1 080 像素，操作实践素材库背景统一采用 1 080×1 920 像素，其他页面图片可根据个人审美设计。

文字规范：所有页面正文统一采用微软雅黑字体，所有正文字号不小于 18 号，各级标题根据个人审美设计即可。

（2）Unity 制作要求

文件命名规范：各文件或文件夹需按照对象名称、类型或功能进行统一规范的英文命名，所有资源原始素材统一使用小写命名,通过下划线"_"来拼接,预设(Prefab)、图集(Atlas)等处理后的资源,命名以大写字母开头,最终起到清晰明了的作用。

文件管理规范:UI、模型、贴图、材质、场景、脚本、预设体等各类型的资源在创建或归档时,需要放入对应的规范命名的文件夹。

程序编写规范:各种参数、函数、脚本在创建时,可按照对象名称或功能进行英文命名,根据需要在代码后面添加注释,以方便后期查找与修改。

(二) 实训案例

1. 案例脚本

环节	界面	画面内容	交互内容
实验简介	主界面	左上方显示标题:数字出版物发布虚拟仿真实验 标题下方出现实验简介:	画面中,四个环节设为按钮,点击后跳转至相应环节界面初始界面
	实验简介1	画面上方展现标题:数字出版物发布虚拟仿真实验 内容页:见素材中的完整版脚本	画面正上方横向设置5个按钮,分别为"实验背景""实验目的""实验原理""实验模块""实验特色" 点击**实验背景**跳转至该界面
	实验简介2	画面上方展现标题:数字出版物发布虚拟仿真实验 内容页:见素材中的完整版脚本	画面正上方横向设置5个按钮,分别为"实验背景""实验目的""实验原理""实验模块""实验特色" 点击**实验目的**跳转至该界面
	实验简介3	画面上方展现标题:数字出版物发布虚拟仿真实验 内容页:见素材中的完整版脚本	画面正上方横向设置5个按钮,分别为"实验背景""实验目的""实验原理""实验模块""实验特色" 点击**实验原理**跳转至该界面
	实验简介4	画面上方展现标题:数字出版物发布虚拟仿真实验 内容页:见素材中的完整版脚本	画面正上方横向设置5个按钮,分别为"实验背景""实验目的""实验原理""实验模块""实验特色" 点击**实验模块**跳转至该界面
	实验简介5	画面上方展现标题:数字出版物发布虚拟仿真实验 内容页:见素材中的完整版脚本	画面正上方横向设置5个按钮,分别为"实验背景""实验目的""实验原理""实验模块""实验特色" 点击**实验特色**跳转至该界面

续　表

环节	界　面	画　面　内　容	交　互　内　容
理论学习	策划组稿	画面上方展现小标题：理论学习 内容页：见素材中的完整版脚本	画面左侧设置7个按钮，分别为"策划组稿""内容制作""审核校对""包装设计""出版发行""考核测试""评分统计" 点击**策划组稿**跳转至该界面 策划组稿高亮 左下角设置返回按钮，点击返回主界面
	内容制作	画面上方展现小标题：理论学习 内容页：见素材中的完整版脚本	点击**内容制作**跳转至该界面 内容制作高亮 左下角设置返回按钮，点击返回主界面
	审核校对	画面上方展现小标题：理论学习 内容页：见素材中的完整版脚本	点击**审核校对**跳转至该界面 审核校对高亮 左下角设置返回按钮，点击返回主界面
	包装设计	画面上方展现小标题：理论学习 内容页：见素材中的完整版脚本	点击**包装设计**跳转至该界面 包装设计高亮 左下角设置返回按钮，点击返回主界面
	出版发行	画面上方展现小标题：理论学习 内容页：见素材中的完整版脚本	点击**出版发行**跳转至该界面 出版发行高亮 左下角设置返回按钮，点击返回主界面
	考核测试	画面上方展现小标题：理论学习 内容页：见素材中的完整版脚本 不显示答案	点击**考核测试**跳转至该界面 考核测试高亮 左下角设置返回按钮，点击返回主界面 下方设置提交按钮，点击后将当前选择答案提交 注：答案可多次提交，覆盖答案内容，一旦提交后，提交按钮不可点击
	评分统计	画面上方展现小标题：理论学习 内容页：见下方附件 显示答案	点击**评分统计**跳转至该界面，评分统计高亮，只有提交了考核测试的内容后才可跳转至该页面 左下角设置返回按钮，点击返回主界面 下方设置查看分数按钮，点击后弹出小提示框 "你答对了××道题，你的得分是××" 注：总共20道题，每道题5分
操作实践	主界面	左上方显示标题：数字出版物发布虚拟仿真实验 标题下方出现实验简介： 内容见素材中的完整版脚本	画面中，四个环节设为按钮，点击后跳转至相应环节界面初始界面

续 表

环节	界面	画面内容	交互内容
操作实践	任务选择界面	画面上方展现小标题：任务选择 画面中间出现四个效果图，下方标有对应文本内容"封面""章首页""内容页""封底" 画面左下方设计返回按钮	点击**操作实践**跳转至该界面 左下角设置返回按钮，点击返回主界面 效果图和对应文本设置为按钮，点击跳转至相应界面
	封面页	画面左上方展现小标题：操作实践 画面从左至右依次为功能区、菜单区、操作区、属性区 画面左下方设计返回按钮，右下方设计提交按钮，右下角设计任务要求按钮 1. 当进入此界面时，呈现如界面参考图所示内容，为操作平台＋对话框组合形式 2. 对话框内包含以下文字内容及图片 **内容见素材中的完整版脚本**	1. 点击**封面**跳转至该界面 2. 进入页面后默认弹出小对话框，对话框内呈现任务描述及要求，点击右上角的X，小对话框消失 3. 点击左下角的返回按钮，返回任务选择页面；点击右下方的提交将设计成品提交至成品管理界面；点击右下角任务要求，重新弹出对话框 4. 设计过程中，各功能实现见功能脚本
	章首页	画面左上方展现小标题：操作实践 画面从左至右依次为功能区、菜单区、操作区、属性区 画面左下方设计返回按钮，右下方设计提交按钮，右下角设计任务要求按钮 1. 当进入此界面时，呈现如界面参考图所示内容，为操作平台＋对话框组合形式 2. 对话框内包含以下文字内容及图片(备注栏) **内容见素材中的完整版脚本**	1. 点击**章首页**跳转至该界面 2. 进入页面后默认弹出小对话框，对话框内呈现任务描述及要求，点击右上角的X，小对话框消失 3. 点击左下角的返回按钮，返回任务选择页面；点击右下方的提交将设计成品提交至成品管理界面；点击右下角任务要求，重新弹出对话框 4. 设计过程中，各功能实现见功能脚本
	内容页	画面左上方展现小标题：操作实践 画面从左至右依次为功能区、菜单区、操作区、属性区 画面左下方设计返回按钮，右下方设计提交按钮，右下角设计任务要求按钮。 1. 当进入此界面时，呈现如界面参考图所示内容，为操作平台＋对话框组合形式 2. 对话框内包含以下文字内容及图片(备注栏) **内容见素材中的完整版脚本**	1. 点击**章首页**跳转至该界面 2. 进入页面后默认弹出小对话框，对话框内呈现任务描述及要求，点击右上角的X，小对话框消失 3. 点击左下角的返回按钮，返回任务选择页面；点击右下方的提交将设计成品提交至成品管理界面；点击右下角任务要求，重新弹出对话框 4. 设计过程中，各功能实现见功能脚本

续 表

环节	界面	画面内容	交互内容
操作实践	封底	画面左上方展现小标题：操作实践 画面从左至右依次为功能区、菜单区、操作区、属性区 画面左下方设计返回按钮，右下方设计提交按钮，右下角设计任务要求按钮 1. 当进入此界面时，呈现如界面参考图所示内容，为操作平台＋对话框组合形式 2. 对话框内包含以下文字内容及图片（备注栏） **内容见素材中的完整版脚本**	1. 点击**封面**跳转至该界面 2. 进入页面后默认弹出小对话框，对话框内呈现任务描述及要求，点击右上角的X，小对话框消失 3. 点击左下角的返回按钮，返回任务选择页面；点击右下方的提交将设计成品提交至成品管理界面；点击右下角任务要求，重新弹出对话框 4. 设计过程中，各功能实现见功能脚本。
成品管理	成品管理-成品排序	画面上方展现小标题：成品管理 画面左侧设计三个菜单"成品排序""成品预览""成品发布" 画面左下角设置返回按钮 右方设置操作区，包含交互方式、切换方式、确定、提交 画面中间设置成品排序区，1234为制作好的封面、章首页、内容、封底缩略图，中间区域为合成文件预览区 注：预览区初始为四个空白页面，需要将1234拖拽至其中，才会显示	点击成品管理跳转至该界面 点击左侧三个按钮，此时成品预览、成品发布菜单无法进入，灰色显示 左下角设置返回按钮，点击返回主界面 1. 通过拖拽将位于1234区域的设计好封面、章首页、内容、封底缩略图拖拽至画面中间，此时预览区显示展示实际图片 2. 同时在右方交互方式下拉菜单下，可以选择"点击交互，滑动交互" 切换方式下拉菜单下，可以选择"滑页效果，直接切换，淡入淡出"（暂定，选择内容确定后，为切换至下一页切换方式） 3. 点击确定后，才可将效果及1234的位置固定至预览区域 注： 1. 点击提交后，才可点击成品预览和发布菜单 2. 切换方式内，尾页的下一页为首页，做循环处理
	成品管理-成品预览	画面上方展现小标题：成品管理 画面左侧设计三个菜单"成品排序""成品预览""成品发布" 画面左下角设置返回按钮 画面中间展示已完成交互制作的成品预览	画面中间为上一步提交的成品

续 表

环节	界面	画面内容	交互内容
成品管理	成品管理-发布	画面上方展现小标题：成品管理 画面左侧设计三个菜单"成品排序""成品预览""成品发布" 画面左下角设置返回按钮 画面中间内容为 左侧为小对话框内包含下面文字：请你根据数字出版物的内容，拖动出版物到合适的发行渠道 显示三个图标样式的文件夹 报纸.jpg　网络.jpg　书店.jpg 答案：网络 右侧显示已制作好的成品文件缩略图	1. 已制作好的成品文件缩略图可点击，点击后放大呈现 2. 缩略图拖拽后，正确的数字出版物缩小并收入至发行渠道，并弹出小对话框"恭喜你，完成数字出版发布仿真实验"非正确给予错误反馈

以上为简要脚本，详细脚本见任务素材

2. 实施步骤

序号	关键步骤	实施要点	注意事项
1	脚本研读	认真阅读脚本的制作要求，提炼重点信息，如信息较多则建议用笔墨或者文档将关键信息摘取记录下来。平面设计师应重点关注建模平面风格、平面类型、平面数量等相关信息；交互开发工程师应重点关注交互流程、交互信息、交互功能等信息；平面设计师，重点关注项目基本要求和所在行业。	
2	素材获取	根据脚本研读的结果，各工程师要对所需的素材来源进行分析，并确定哪些素材可以从以往相似项目中直接调用，哪些素材可以在相关网站找到类似的素材并可在修改后使用，哪些素材需要自行构思制作。 常用三维素材网站：CG 模型网、3dwarehouse 等 常用二维素材网站：千图网、昵图网、我图网等	
3	平面制作	本项目要求学生自行制作登录场景、菜单场景及所有背景和按钮素材，以下为制作教程。 1. 背景制作 首先，自行制作一个渐变色背景，由左上角向右下角形成一个绿色到蓝色的渐变。其次，从网络上下载网络连接类的素材，并进行适当变形后将其作为素材插入背景中。最后，部分页面添加适当的色块加以点缀即可。	

序号	关键步骤	实施要点	注意事项
3	平面制作	 **2.标题制作** 标题制作相对简单,可以在PPT里插入文本框并打上对应的文字,然后将其调整为所需的字体、字号、颜色及其他格式后,另存为图片即可(如下图所示)。  **3.按钮制作** 按钮制作也比较简单,无论是图标型、图形型、还是图像型,都可以在PPT里完成。一些感觉画起来比较麻烦的图标,可以通过下载iSlide插件,搜索下载对应的图标进行二次编辑后使用。 **4.内容制作** 内容制作指实验简介、理论学习部分的正文内容,主要包括一些文字、图片。制作起来也比较简单,在此不作赘述。 **5.弹窗制作** 弹窗制作主要指的是在操作实践区四大板块打开时的学习弹窗,以及制作完成时的提交确认弹窗。制作过程比较简单,我们只需注意将带有交互效果的素材分开制作即可。	
4	交互开发	**1.开发环境准备** 从Unity官网下载项目开发软件,本项目指定下载安装版本为2019.3.6f1。 建议首先下载安装Unity项目管理平台Hub,然后在官网下载方式中选择"从Hub下载"(在下载安装Hub软件后需要获取软件授权并修改安装路径为非C盘区域)。	

续 表

序号	关键步骤	实 施 要 点	注意事项
4	交互开发	从 Microsoft 官网下载并安装 Visual Studio 软件（建议下载 Visual Studio 2019 社区版），作为本项目的脚本编辑工具。  2. Unity 手动交互开发 （1）下载 Input4WebGL 资源包 为了在 Unity 中实现更好的 WEB 交互效果，可以下载一个 Input4WebGL 资源包。 （2）导入项目素材 创建 Unity 项目工程文件，导入素材包里的平面、音频等素材文件，并将其放入指定文件夹进行管理。复制 avprovideo 资源包内容至 Assets 目录下，使其与其他资源保持平行关系（如下图所示）。 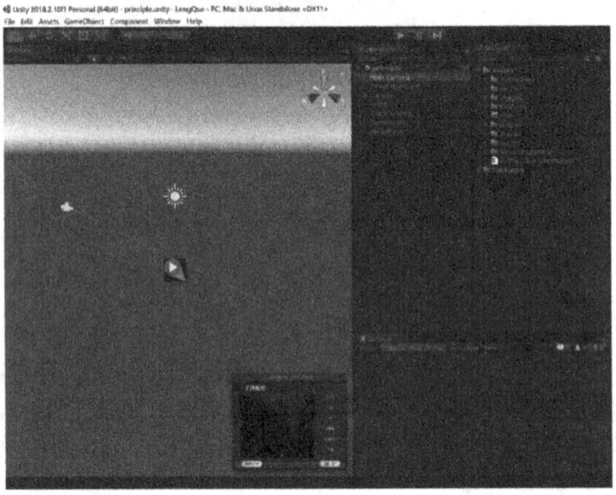 （3）创建场景 UI 根据脚本规划，依次创建登录、菜单和操作实践三大场景，在各场景下创建对应的背景、图片、按钮物体并将其 UI 挂载上去，然后调整好各 UI 的位置。 值得注意的是，每个场景都包含了多个二级、三级甚至四级页面，在编辑下级页面时，可以将上级页面隐藏掉（如下图所示）。 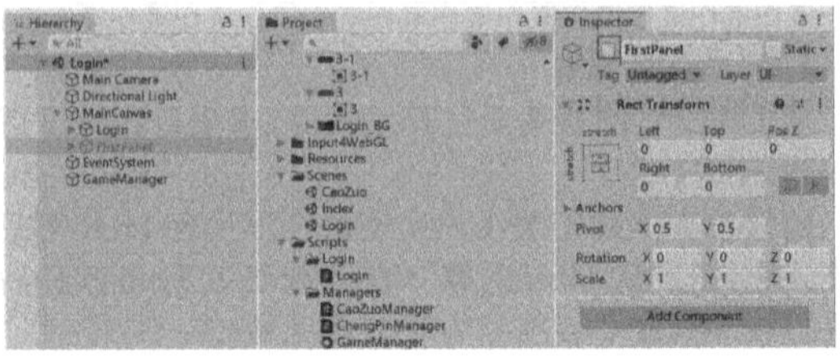	

续表

序号	关键步骤	实 施 要 点	注意事项
| 4 | 交互开发 | **(4) 实现登录交互**<br>在 Project 窗口的 Scripts 文件下创建一个 C♯ 脚本文件,并重命名 Login(名称可以自行拟定,以方便项目开发及后期维护即可),用来实现登录页面的交互。<br>使用 VS 进行脚本编辑,引用 UnityEngine.UI、System、System.Text.RegularExpressions、DG.Tweening 四个命名空间,方便后面调用 StartCoroutine 等方法(如下图所示)。<br><br>```
1  using System.Collections;
2  using System.Collections.Generic;
3  using UnityEngine;
4  using UnityEngine.UI;
5  using System;
6  using System.Text.RegularExpressions;
7  using DG.Tweening;
```<br><br>**1) 实现首页隐藏**<br>首先,撰写隐藏首页的方法 HideFirstPanel(),以实现背景的虚化、按钮的虚化,以及在短暂延时后关闭整个页面(如下图所示)。<br><br>```
IEnumerator HideFirstPanel()
{
    //背景虚化
    firstPanel.GetChild(0).GetComponent<Image>().DOFade(0, 1);
    //按钮虚化
    firstPanel.GetChild(1).GetComponent<Image>().DOFade(0, 1);
    //1秒后关闭FirstPanel
    yield return new WaitForSeconds(1);
    firstPanel.gameObject.SetActive(false);
}
```<br><br>然后,撰写首页按钮响应程序 FirstPanelBtn(),这里面使用协同程序调用 HideFirstPanel() 方法(如下图所示)。<br><br>```
public void FirstPanelBtn()
{
    StartCoroutine(HideFirstPanel());
}
```<br><br>最后,将 Login 脚本挂载到 Main Camera 上,并在 FirstPanel 页面的 Button 按钮的响应方法中调用 FirstPanelBtn() 方法(如下图所示)。 | |
```

续　表

序号	关键步骤	实　施　要　点	注意事项
| 4 | 交互开发 | 2) 实现登录输入<br>　　首先,需要定义5个变量,其中 btn_Login 变量用于获取按钮物体的属性;IF_name 和 IF_password 用于直接获取用户输入的账号和密码信息(如下图所示)。<br><br>```csharp
public RectTransform firstPanel;//第一个面板
Button btn_Login;              //登录按钮
public InputField IF_name;     //账号
public InputField IF_password; //密码

string server = "localhost";
string url = "";
```<br><br>　　其次,撰写登录监测及响应方法 Press_Login(),使用 if else 语句判断用户输入的账号和密码是否与预设值相同,如果相同则跳转到目录场景,如果不同或为空值则会显示相关的提示信息(如下图所示)。<br><br>```csharp
void Press_Login()
{
    //Tips.tips.ShowTips("回答正确");
    if(IF_name.text == "" && IF_password.text == "")
    {
        Tips.tips.ShowWaringTips("用户名或密码不能为空");
        return;
    }
    if(IF_name.text == "test" && IF_password.text == "123")
    {
        LoadScene.loadscene.Loading("Index");
    }
    else
    {
        Tips.tips.ShowWaringTips("用户名或密码不正确");
    }
}
```<br><br>　　然后,撰写初始化 Initialization()方法,将 Press_Login 挂载到登录按钮的响应事件中,并在 Start 中进行一次调用(如下图所示)。<br><br>```csharp
void Start()
{
    Initialization();
    url = "http://" + server + "/" + Application.productName + "/SQLassect.php";
}
/// <summary>
/// 初始化
/// </summary>
void Initialization()
{
    //指定Login方法
    btn_Login = GameObject.Find("Btn_login").GetComponent<Button>();
    btn_Login.onClick.AddListener(Press_Login);
}
```<br><br>(5) 实现菜单页面交互<br>　　用户成功登录后进入菜单场景,实施实验简介、理论学习、操作实践、成品管理等交互工作。此处仅介绍除操作实践外的三种内容查看型的页面交互。 | |
```

序号	关键步骤	实施要点	注意事项
| 4 | 交互开发 | 在 Project 窗口的 Scripts 文件下创建一个 C♯ 脚本文件，将其重命名为 IndexManager，并挂载到 MainCanvas 上。使用 Visual Studio 进行编辑。在开始撰写程序前，需要引用 UnityEngine.UI、DG.Tweening 两个命名空间，以方便后面调用 SetActive()、DoFade()、WaitForSeconds()方法。<br>**1) 撰写二级页面显示通用程序**<br>首先，定义两个通用变量，在 MainCanvas 的脚本组件下，分别将 MainPanel 和 SecondPanel 挂载到两个变量上，从而获取物体的所有属性（如下图所示）。<br><br>其次，撰写通用页面显示方法 ShowSecondPanel()（如下图所示）。定义一个外部参数 name，方便以不同参数的形式调用此方法来显示不同页面。使用 for 语句、if 语句和参数 i，不断监测外部输入的名称是否与第 i 个二级页面的名称相同，从而判断是否开始显示该二级页面。<br><br>```csharp
void ShowSecondPanel(string name)
{
    for (int i = 0; i < secondPanelParent.childCount; i++)
    {
        if(secondPanelParent.GetChild(i).name == name)
        {
            secondPanelParent.GetChild(i).gameObject.SetActive(true);
        }
        else
        {
            secondPanelParent.GetChild(i).gameObject.SetActive(false);
        }
    }
}
```<br><br>**2) 撰写菜单页面关闭方法**<br>撰写菜单页面关闭方法 HideMianPanel()，使用一个 for 语句让主页面背景和四个功能按钮逐渐变暗，并调用 WaitSeconds()方法在停顿一秒后关闭页面（如下图所示）。<br><br>```csharp
IEnumerator HideMianPanel()
{
    //渐变消失
    for (int i = 0; i < mainPanel.childCount; i++)
    {
        mainPanel.GetChild(i).GetComponent<Image>().DOFade(0, 1);
    }
    //1秒后关闭FirstPanel
    yield return new WaitForSeconds(1);
    mainPanel.gameObject.SetActive(false);
}
``` | |

续 表

序号	关键步骤	实 施 要 点	注意事项
| 4 | 交互开发 | **3) 撰写二级页面展示方法**<br>比如撰写实验简介页面的方法,首先需要使用"JianjiePanel"字符调用二级页面显示方法,让实验简介页面显示出来,其次使用协同程序调用主页面隐藏方法,让菜单页面隐藏起来。最后通过获取"JianjiePanel"物体中的"JianjieManager"(此方法将在下文介绍)脚本组件来调用页面初始化程序 initialization() 进行页面的初始化(如下图所示)。<br><br>```csharp
public void ShowJianJiePanel()
{
    //激活Panel
    ShowSecondPanel("JianjiePanel");
    //隐藏主面板
    StartCoroutine(HideMianPanel());
    secondPanelParent.Find("JianjiePanel").GetComponent<JianJieManager>().Initialization();
}
```<br><br>**4) 实现二级页面的交互**<br>在 Project 窗口的 Scripts 文件下创建一个 C# 脚本文件,将其重命名为 IndexManager,并挂载到 JianjiePanel 上。然后,使用 Visual Studio 进行编辑。<br>定义两个变量 btnsParent 和 panelParent,分别用来表示侧边栏按钮的父物体、子面板的父物体。在 JianjiePanel 的脚本组件下,分别将 BtnsParent 和 PanelParent 两个物体挂载到这两个变量上,从而使这两个变量就获取两个物体的属性。<br>撰写侧边栏按钮点亮方法 ActiveSideBtn()(如下图所示)。定义一个外部参数 index,用于传入不同的侧边栏序号。通过 for 语句和 if 语句不断监测外部输入的侧边栏序号,并据此判断是否要激活按钮所携带的黄色材质图,从而点亮该按钮。<br><br>```csharp
void ActiveSideBtn(int index)
{
    for (int i = 0; i < btnsParent.childCount; i++)
    {
        if (i == index)
        {
            btnsParent.GetChild(i).GetChild(0).gameObject.SetActive(true);
        }
        else
        {
            btnsParent.GetChild(i).GetChild(0).gameObject.SetActive(false);
        }
    }
}
```<br><br>撰写二级页面子页面展示方法 ShowSecoundPanel()(如下图所示)。在撰写方法前需要定义一个当前激活页面序号变量 currentSecIndex,并赋予其初始值 99。在方法中定义一个外部参数 index,用于通过输入不同的参数,显示不同的页面。开始使用 if 语句,当 currentSecIndex 为初始值 99 时,则将外部输入的 index 值传递给 currentSecIndex。如果输入的页面序号 index 值不等于当前激活页面序号,就将当前激活的页面移出。其他情况下,则直接按照用户输入的页面序号移入对应页面,并将用户输入页面序号传递给当前激活页面序号。(MovePanelIn()方法和 MovePanelOut()方法主要实现的是页面内容切入和切出,可以自行去摸索,在此不做详细讲解。) | |

续表

序号	关键步骤	实　施　要　点	注意事项
4	交互开发	```
void ShowSecondPanel(int index)
{
    //初始化currentSecPanel
    if (currentSecIndex == 99)
        currentSecIndex = index;

    if (index != currentSecIndex)
    {
        panelParent.GetChild(currentSecIndex).GetComponent<DoMovePanel>().MovePanelOut();
    }
    panelParent.GetChild(index).GetComponent<DoMovePanel>().MovePanelIn();
    //覆盖当前index
    currentSecIndex = index;
}
```

撰写二级页面侧边栏按钮响应方法 SideBtns()，同样定义一个外部参数 num，用于不同按钮的响应（如下图所示）。通过 ActiveSideBtn()方法点亮 num 序号对应的按钮，通过 Switch 语句根据 num 值调用 ShowSecoundPanel()方法，显示 num 序号的二级页面子页面。

```
public void SideBtns(int num)
{
    //激活按下的按钮
    ActiveSideBtn(num);
    switch (num)
    {
        case 0://实验背景
            ShowSecondPanel(0);
            break;
        case 1://实验目的
            ShowSecondPanel(1);
            break;
        case 2://实验原理
            ShowSecondPanel(2);
            break;
        case 3://实验模块
            ShowSecondPanel(3);
            break;
        case 4://实验特色
            ShowSecondPanel(4);
            //初始化特色界面
            Hide_TeSePanel();
            break;
    }
}
```

5）实现三级页面的交互

在实验简介的实验模块、实验特色板块中都有三级页面，其展示交互的实现方法与二级页面类似。下面以实验模块中的理论学习页面为例，说明其实现方法。

在撰写实验模块下理论学习页面的展示方法之前，首先需要定义一个参数 mokuai_lilunBtns，分别用来表示理论学习按钮父物体和理论学习页面父物体。其次在 JianjiePanel 物体的脚本组件下，分别将理论学习物体"Mokuai_lilunxuexi"中 Content 下的 BG 和 Panel 两个物体挂载到这两个变量上，从而这两个变量就获取了两个物体的属性（如下图所示）。 | |
```

续 表

序号	关键步骤	实施要点	注意事项
4	交互开发	撰写实验模块下理论学习子页面的展示方法 Show_MoKuai_LiLunXueXiPanel()（如下图所示）。首先，使用 for 语句监测理论学习下六个按钮携带的彩色贴图是否需要激活，从而实现鼠标放上去就点亮的效果。其次，使用 for 语句监测理论学习下六个按钮所对应的子页面是否需要激活，从而实现点击按钮后在右侧展示文字内容的效果。最后，使用 if 语句判断理论学习面板是否处于放大状态（前面需要定义一个布尔变量 isSuoFang_lilun，表示理论学习面板的放大缩小状态），从而使用 DoScale() 方法将理论学习按钮面板缩小，使用 DOLocalMove() 方法将理论学习按钮面板向左移动，使用 DOLocalMove() 方法将理论学习文字页面从右侧向左移出。（在开始程序中需要定义 org_lilunPos 和 org_lilunPanelPos 两个变量，分别用来获取理论学习按钮页面和内容页面的当前位置）。	

```
public void Show_MoKuai_LiLunXueXiPanel(int index)
{
    //激活按钮
    for (int i = 0; i < mokuai_lilunBtns.childCount; i++)
    {
        if (i == index)
        {
            mokuai_lilunBtns.GetChild(i).GetChild(0).gameObject.SetActive(true);
        }
        else
        {
            mokuai_lilunBtns.GetChild(i).GetChild(0).gameObject.SetActive(false);
        }
    }
    //panel面板显示对应内容
    for (int i = 0; i < mokuai_lilunPanel.GetChild(0).childCount; i++)
    {
        if (i == index)
        {
            mokuai_lilunPanel.GetChild(0).GetChild(i).gameObject.SetActive(true);
        }
        else
        {
            mokuai_lilunPanel.GetChild(0).GetChild(i).gameObject.SetActive(false);
        }
    }
    //面板缩小
    if(!isSuoFang_lilun)
    {
        isSuoFang_lilun = true;
        mokuai_lilunBtns.DOScale(new Vector3(0.7f, 0.7f, 0.7f), 1);
        mokuai_lilunBtns.DOLocalMove(org_lilunPos - new Vector3(300, 0, 0), 1);
        mokuai_lilunPanel.DOLocalMove(org_lilunPanelPos - new Vector3(721, 0, 0), 1);
    }
}
```

续表

序号	关键步骤	实 施 要 点	注意事项
| 4 | 交互开发 | 撰写理论学习模块下理论学习子页面的关闭方法(如下图所示)。通过 for 语句,隐藏当前正处于激活状态的按钮。通过 if 语句判断理论学习按钮页面是否处于缩小状态,进而放大理论学习按钮页面并向右移出理论学习子页面。<br><br>```
public void Hide_MoKuai_LiLunXueXiPanel()
{
    //隐藏激活的按钮
    for (int i = 0; i < mokuai_lilunBtns.childCount; i++)
    {
        mokuai_lilunBtns.GetChild(i).GetChild(0).gameObject.SetActive(false);
    }

    //面板放大
    if (isSuoFang_lilun)
    {
        isSuoFang_lilun = false;
        mokuai_lilunBtns.DOScale(new Vector3(1, 1, 1), 1);
        mokuai_lilunBtns.DOLocalMove(org_lilunPos, 1);
        mokuai_lilunPanel.DOLocalMove(org_lilunPanelPos, 1);
    }
}
```<br><br>然后将"jianjieManager"挂载到理论学习六大按钮以及子页面收起按钮物体的 Button 组件下的响应事件中,如此就实现了理论学习子页面的展示与隐藏交互。<br>6) 系统初始化<br>在 Start 方法中进行系统初始化。首先,使用 for 语句为每个侧边栏的 button 组件添加响应事件 SideBtns。其次,为理论学习对应的按钮页面和内容页面的当前位置变量赋予初始值(如下图所示)。<br><br>```
void Start()
{
    //为Btns添加响应事件
    for (int i = 0; i < btnsParent.childCount; i++)
    {
        int index = i;
        btnsParent.GetChild(i).GetComponent<Button>().onClick.AddListener(delegate () { this.SideBtns(index); });
    }
    org_lilunPos = mokuai_lilunBtns.localPosition;
    org_lilunPanelPos = mokuai_lilunPanel.localPosition;
    org_canvasPos = mokuai_canvasBtns.localPosition;
    org_caozuoPanelPos = mokuai_caozuoPanel.localPosition;
    org_tesePos = teseBtns.localPosition;
    org_tesePanelPos = tesePanel.localPosition;
}
```<br><br>至此,菜单场景下的实验简介二级页面的交互实现方法介绍完毕,其他二级页面的展示方法与此类似,在此不再赘述。<br>(6) 操作实践页面交互<br>在 Project 面板的 Script 文件夹下创建一个新的脚本,将其命名为 CaozuoManager,并将其挂载到 Main Canvas 父物体上。在脚本中首先需要应用 Unity.Engine 命名空间,其次需要定义 mainPanel、panelParent、returnPanel、tijiaoPanel 等变量,方便获取相关物体的属性(如下图所示)。<br><br>```
public YeMian newYeMian;
public Transform mainPanel;
public Transform panelParent;          //所有面板的父物体
Transform currentPanel;                //当前激活的面板
public Transform returnPanel;          //返回面板
public Transform tijiaoPanel;          //提交面板
public Transform caoZuoImgParent;      //操作区图片的父物体
public Transform shuXingImgParent;     //属性区图片的父物体
```<br><br>点击 Main Cavas 打开已添加的 CaozuoManager 脚本组件,将 WanchengParent、PanelParent、ReturnPanel 和 TijiaoPanel 四个物体分别赋值给刚才定义的四个变量(如下图所示)。 | |
```

续表

序号	关键步骤	实 施 要 点	注意事项
4	交互开发	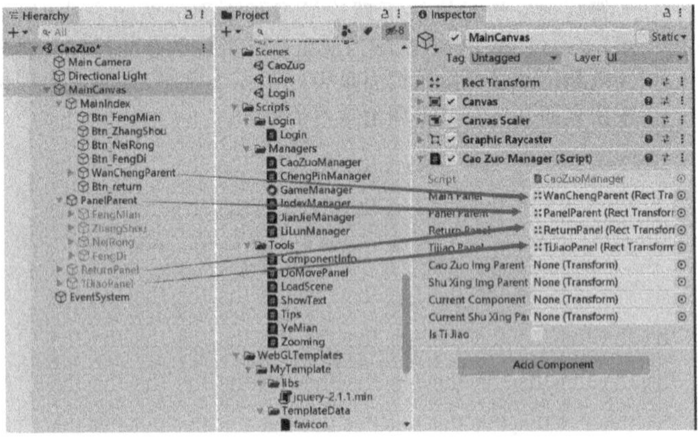 **1) 实现菜单页面的基础交互** 首先,为菜单页四张图标添加"Event Trigger"组件,在组件下新增两个触发事件:一个是鼠标指向事件"Pointer Enter",另一个为鼠标离开事件"Pointer Exit"。然后,将脚本文件"zooming"挂载到四张图标的物体上作为新的组件。接着再将四个图标物体挂载到对应的鼠标响应事件上,并在鼠标指向的响应事件的方法中选择"Zooming.FangDa",在鼠标离开事件响应事件的方法中选择"Zooming.Suoxiao"(如下图所示)。如此即可实现菜单页图标的缩放效果。 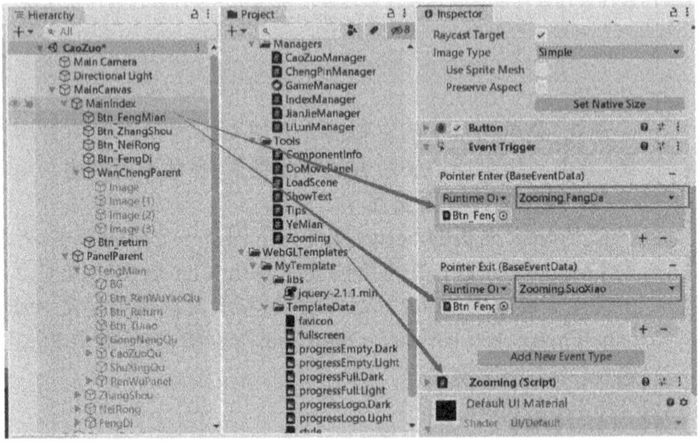 此外,还需实现返回上级菜单的效果。首先,需要将 Main Canvas 挂载到 Btn_return 物体的 Button 组件的响应事件中。其次,需要在脚本中撰写一个场景跳转方法。最后,在响应事件中引用这个方法即可。 **2) 实现菜单页面的点击响应** 定义一个外部参数 name,用于在菜单图标的响应事件中传入的参数(如下图所示)。	

续表

序号	关键步骤	实 施 要 点	注意事项
4	交互开发	使用 for 语句和 if 语句，随时监测菜单图片的点击状态。一旦有图标被点击，使用 SetActive()方法迅速将对应的子页面物体激活，并将激活页面赋值给 currentPanel(提前定义好 Transform 类型变量，用来获取当前激活页面实体)；使用 Yemian()方法(自行去素材中探索，在此不做详解)将激活页面的属性传递给 newYeMian。使用 find()方法将激活页面的操作区和属性区的物体赋值给 caozuoimgParent 和 shuxingimgParent，以实现这两个区域的初始化。反之，将未点击的页面进行隐藏(如下图所示)。 3) 实现操作实践区域的点击响应 进入操作实践页面后，用户就能马上通过鼠标调取素材包里的内容进行创作，因此需要在 Update()方法中不断监测鼠标的位置和状态。 首先，通过 if 语句和 GetMouseButtonDown()方法判断鼠标是否处于被按下的状态，迅速获取鼠标点击的位置 myRay。其次，将当前位置的物体信息传递给参数 myHit，如果物体不为空，则进入判断物体类型程序。 如果判断物体类型时背包物体 Icon(左侧素材包里的素材，包含背景、文字、形状、装饰四种类型)，判断方法是检测是否携带了	

续　表

序号	关键步骤	实　施　要　点	注意事项
4	交互开发	Icon_** 标签(在 Hierarchy 窗口创建新物体时,给每个背包物体打上对应标签)。然后判断当前背包物体是否处于未激活的状态(使用 currentImag 表示,初始值为 0),如果未激活则将鼠标选中的物体基本属性赋值给 currentImag,如果处于激活状态则再次判断是否为同一物体,不是同一物体则表示点击了新的素材,那么需要将之前激活的物体关闭,并将当前鼠标点击的物体激活。 当用户点击的是背包物体时,将 isGetThing(表示选中背包物体的布尔变量)值设为 ture,将 isGetComponent(表示选中操作区物体组件的布尔变量)的值设为 False。从数据库中克隆一个物体给 TempImg(用来存放背包物体在鼠标上形成缩略图的临时变量),并将其贴图换成前面鼠标点击的背包物体图片。然后,使用 SetAsLastSibling()方法将其放置于 PanelParent 物体的最后,让其在页面中显示出来。最后,将 TempImg 的基本属性传递给 rectThing,从而修改其大小和位置。 如果判断鼠标选中物体类型是操作区物体时(未放置物体时为空),则将鼠标点击的物体信息传递给 currentComponent(用来存放操作区物体的临时变量)。再判断选中物体是否为背景,不为背景时则将当前 isGetThing 值设为 False,将 isGetComponent 的值设为 true,并确定物体的可移动范围。随后使用 Switch 语句判断选中的物体的具体类型,并通过 CreateShuxingPanel(将于下文介绍)方法在右侧显示出对应的属性(如下图所示)。	

续表

序号	关键步骤	实 施 要 点	注意事项
4	交互开发	在鼠标长按物体时,物体需要随鼠标一起移动。如果长按的为背包物体,则只需保证物体的原始 Z 轴不变即可。如果为操作区物体时,则还需进一步限制物体的移动范围(程序代码如下图所示)。 若鼠标在长按背包物体时松开,首先将需要获取鼠标的位置,读取鼠标位置的物体属性,如果物体属性标签为"Gezi",则确认鼠标松开的区域为操作区。然后开始判断当前选中的物体类型,并开始从预设体中克隆对应的物体(克隆到鼠标缩略图和克隆到操作区的预设体不一样,所携带的标签页不同)到操作区,更新 CurrentComponent 的基本属性、物体名称、子物体名称,将其放置到操作区的最上层让其完全可见,并修改其大小和位置,最后显示对应的属性(代码见下图)。 当鼠标选中操作区物体或从背包中拖拽物体到操作区时,使用了一个 CreateShuXingPanel()方法在属性区创建对应的属性面板,下面介绍本想法的基本理念。 此方法首先设置了 panelName 和 info 两个变量,前一个用来调用方法时输入指定的物体名称,后一个是用于存放当前物体属性的临时变量。首先对 CurrentShuxinPanel(用于存放属性面板物体的临时变量)的值进行判断,如果不为空则表示前面已经创建过属性面板,则调用 Destroy()方法清除当前属性面板所有物体。创	

续　表

序号	关键步骤	实　施　要　点	注意事项
4	交互开发	建属性面板时，要先从预设体中克隆对应物体的属性面板赋值给 CurrentShuXingPanel。然后再判断物体的类型，如果物体为背景则首先将其滤镜物体传递给临时变量 lvJing，通过 for 语句给所有的滤镜物体下的 Button 组件添加响应事件 ChangeBG_LvJing（自行在素材包中阅读研究）。最后通过 info 值和 LvjingIndex 判断，如果操作区已经有物体，且属性索引值不为最大值时，则激活对应的属性面板物体（代码见下图）。 至此，各场景及页面的交互过程基本开发完成，可以进行试运行检验系统的配置状态，不断修改最终实现想要的效果。 **(7) 打包发布** 在菜单栏中点击"Build Settings"，开始项目发布设置。首先在 Scenes In Build 中勾选所有的场景，然后在 Platform 中选择 WebGL，并点击"Switch platform"将发布类型设置为网页端。 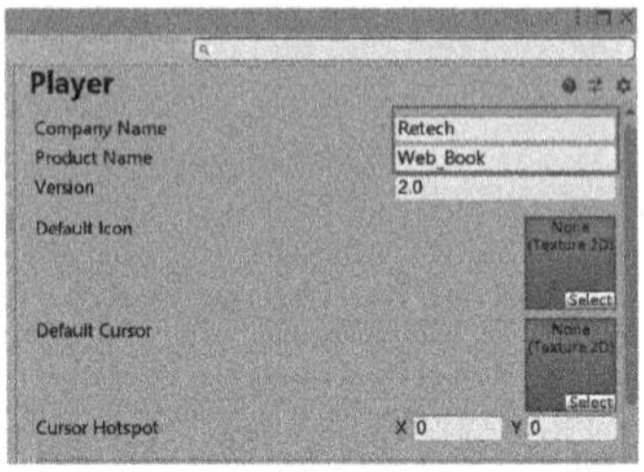 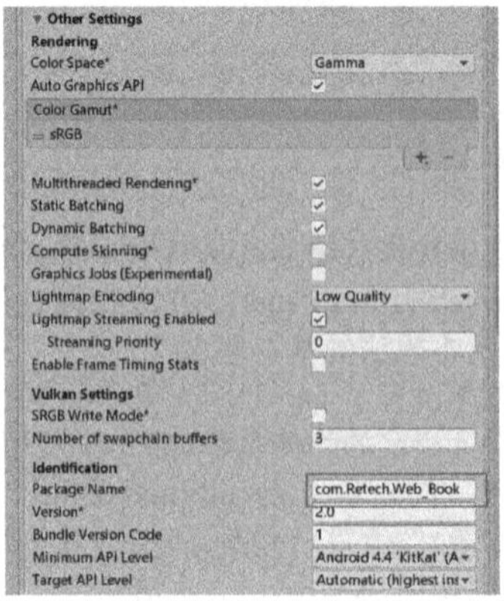	

续表

序号	关键步骤	实 施 要 点	注意事项
4	交互开发	其次,在打包前还有一些参数需要设置,点击 Player Settings 按钮,修改 Company Name 和 Product Name。Default Orientation 属性是控制程序在手机上运行时的朝向的,这个可以按个人喜好选择。 接着修改 Other Settings 中的 Package Name,这里要注意中间的 Company Name 是一定要替换的,不然会打包失败。修改好之后就可以打包了,点击 Build,修改文件名称和保存路径,点击保存按钮。	
5	审核修订	系统开发完成后,必须进行软硬件联合测试。通过电脑 WEB 端反复查看页面的显示内容、显示效果,反复测试其交互功能是否稳定。对于内容设计、功能设计上的不足要及时进行优化。	

(三) 实训任务

参照《数字出版物发布》总脚本内容,严格按照实训要求中的标准和规范,基于所提供的图片、字体、脚本等素材,使用 Photoshop、Unity、Visual Studio 等软件,完成下面的实训任务。

1. 任务内容

首先使用 Photoshop 软件制作各级页面的背景图片、标题图片、按钮图片等平面素材,其次使用 Unity 软件制作软件交互的主要场景、页面并实现简单交互功能,最后使用 Visual Studio 软件撰写页面交互代码实现更细致的功能,最终输出对应的 HTML5 成品资源包。

2. 任务素材

在开始实训任务前,由任课教师提供相关素材。

素 材 类 型	包 含 内 容
脚本	"数字出版物发布"脚本
素材包	"数字出版物发布"素材文件、成品文件
工程文件	"数字出版物发布"工程文件

3. 成品欣赏

完成实训任务后可向任课教师索要成品视频,欣赏此任务对应的项目成品效果。

(四) 实训评价

根据下方评价标准,给自己的实训成果进行打分,每项 10 分,总分 100 分。

序号	评价内容	评价标准	分数
1	平面设计	各级页面的背景设计是否美观	10
2		各级页面的按钮设计是否美观	10
3		各级菜单的标题字体应用是否合适	10
4		各级内容页面的图文变换效果是否美观	10
5		各级页面各元素的搭配是否美观	10
6	交互开发	各级页面的加载速度是否迅速	10
7		各级菜单及按钮的响应是否迅速	10
8		操作实践板块素材包的素材取用是否流畅	10
9		操作实践板块物体属性修改迅速准确	10
10		平台启动、退出、交互是否迅速稳定。	10
	总体评价		

（五）实训总结

遇到的问题 列举在实训任务中所遇到的问题,最多不超过 3 个
解决的办法 实训过程中针对上述问题,所采取的解决办法
个人心得 项目实训过程中所获得的知识、技能或经验